U0230762

国家级实验教学示范中心基础实验系列教材
编审委员会名单

高等学校"十三五"规划教材
国家级实验教学示范中心基础实验系列教材

高分子科学
综合实验教程

田月兰　主　编
顾　芳　秦江雷　副主编

化学工业出版社

·北京·

本书共分四个单元：第一单元为聚苯乙烯的合成及其性能表征，包括聚苯乙烯的乳液聚合等 9 个实验；第二单元为聚甲基丙烯酸甲酯的合成及其性能表征，包括甲基丙烯酸甲酯本体聚合制备有机玻璃板等 10 个实验；第三单元为玻璃钢的制备及其性能表征，包括不饱和聚酯的合成及其与玻璃布的层压复合等 7 个实验；第四单元为计算机模拟实验，包括链状高分子构象演化的分子模拟等 4 个实验。

本书可作为高分子材料专业本科生的实验教材，也可供从事高分子科学研究、开发和应用的研究生与工程技术人员参考。

图书在版编目（CIP）数据

高分子科学综合实验教程/田月兰主编. —北京：化学工业出版社，2019.7
ISBN 978-7-122-34327-7

Ⅰ.①高… Ⅱ.①田… Ⅲ.①高分子化学-化学实验-教材 Ⅳ.①O63-33

中国版本图书馆 CIP 数据核字（2019）第 071261 号

责任编辑：提　岩　姜　磊　　　　　　文字编辑：李　玥
责任校对：宋　夏　　　　　　　　　　装帧设计：王晓宇

出版发行：化学工业出版社（北京市东城区青年湖南街 13 号　邮政编码 100011）
印　　装：三河市延风印装有限公司
787mm×1092mm　1/16　印张 7¾　字数 180 千字　2019 年 8 月北京第 1 版第 1 次印刷

购书咨询：010-64518888　售后服务：010-64518899
网　　址：http://www.cip.com.cn
凡购买本书，如有缺损质量问题，本社销售中心负责调换。

定　　价：26.00 元

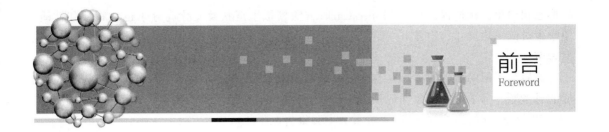

河北大学是教育部与河北省人民政府"部省合建"的综合性院校，其中化学学科是河北大学的强势特色学科。2013年化学学科获批为河北省国家重点学科培育项目，2016年列入河北省"世界一流学科"建设项目。化学与环境科学学院于2000年整合各专业实验室成立化学实验教学中心，2005年被授予河北省首批高等学校实验教学示范中心，2007年10月被批准为国家级实验教学示范中心建设单位，2012年12月通过教育部、财政部验收，正式挂牌成为国家级实验教学示范中心。高分子化学与物理实验室隶属于化学实验教学中心，承担着材料化学、高分子材料与工程专业本科生实验技能的培训工作，同时也服务于河北省重点学科高分子化学与物理的建设。

高分子科学是内容广泛，与多学科交叉渗透、相互关联的综合性学科。近年来，高分子科学从高分子化学合成实验方法到高分子结构和性能的表征测试技术，都有较大幅度的提高，这对高分子科学方面人才提出了新的要求。高分子科学的人才培养不仅需要具备高分子化学、高分子物理、高分子材料成型加工等方面专业知识的专业人才，更需要培养熟悉高分子各个领域，甚至高分子科学发展前沿的具有综合素质和能力的高水平人才。

在此前提下，作者结合经典高分子材料的发展现状，将近年教学成果和科研成果及时融入实验教学中，系统综合了高分子合成、性能、加工及模拟等相关知识和原理，使学生深入理解和掌握特定高分子材料从合成方法的选择、结构表征和性能测试、到材料加工及计算机模拟等相关知识的综合运用。加深了学生对高分子科学基础知识的理解，增加了学生对高分子前沿科学研究的兴趣，提高了学生的高分子综合实验能力，以期实现本科生与研究生、本科教学与科学研究的无缝对接。

为了达到上述目的，本实验教材作了如下安排。

第一单元选取通用塑料中的聚苯乙烯为研究对象，结合其发展现状，针对聚苯乙烯微球开展实验。以乳液聚合制备聚苯乙烯微球为实验起点，对聚苯乙烯微球的溶液黏度、玻璃化转变温度等性能参数进行测定。此外，利用河北大学现有的仪器设备，例如红外光谱仪、凝胶渗透色谱仪和扫描电子显微镜等，对聚苯乙烯微球的结构和分子参数进行测试表征，从而循序渐进、全方位地培养学生的综合实验能力。

第二单元以板状的有机玻璃为对象，结合其广泛的工业应用背景，采用本体聚合制备有机玻璃板，并对其玻璃化转变温度、硬度、耐热性、电性能及流变性能进行测试，使学生对聚甲基丙烯酸甲酯从制备到测试表征有全面、深入的理解。

第三单元介绍了以高分子为基体进行优化和组合的多相、多组分的高分子复合材料。以玻璃钢为例，通过从不饱和聚酯的合成及GFRP玻璃钢的制备，到玻璃钢性能测试等一系列实验，使学生掌握聚合物基复合材料的制备及性能测试方法，对复合材料结构-形态-加工-性能之间的关系有初步了解，为以后从事相关领域的工作打下坚实基础。

第四单元介绍了与传统的实验相比，高分子的计算机模拟实验可以直观给出链状高分子的形态和构象演化过程。利用 Monte Carlo 方法模拟了链状及支化高分子链的特征和性质，使学生对链平均尺寸、均方末端距及末端距向量的自相关函数等高分子链特征有形象、直观的理解。

最后为了帮助学生加深对实验内容及相关知识点的理解和掌握，在实验内容后提出了相应的思考题。为了使实验数据记录更为规范、数据处理更为严谨，还制定了统一的实验报告（发邮件到 cipedu@163.com 可免费索取实验报告电子版）。

本书第一单元和第二单元由田月兰编写，第三单元由秦江雷编写，第四单元由顾芳编写。全书由田月兰统稿，白利斌、宋洪赞参与了部分编写工作。此外，白利斌在本书编写过程中还提出了许多宝贵意见，在此谨表谢忱。

由于编者水平所限，书中不足之处在所难免，欢迎广大读者批评指正！

编者

2019 年 5 月

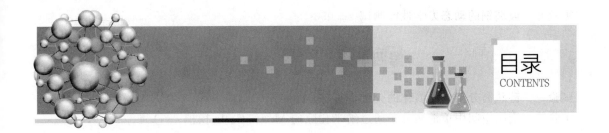

目录
CONTENTS

第一单元　聚苯乙烯的合成及其性能表征

实验一　苯乙烯的乳液聚合　/ 003

实验二　聚苯乙烯微球的结构表征——红外光谱法　/ 006

实验三　聚苯乙烯微球分子量及其分布的测定——凝胶渗透色谱法　/ 009

实验四　聚苯乙烯微球的性能参数测定——溶度参数　/ 012

实验五　聚苯乙烯微球的性能参数测定——特性黏度　/ 015

实验六　聚苯乙烯微球的性能参数测定——表观黏度　/ 019

实验七　聚苯乙烯微球的性能参数测定——示差扫描量热测定玻璃化转变温度　/ 023

实验八　聚苯乙烯微球的性能参数测定——膨胀系数　/ 027

实验九　聚苯乙烯微球的结构表征——扫描电子显微镜　/ 029

第二单元　聚甲基丙烯酸甲酯的合成及其性能表征

实验一　甲基丙烯酸甲酯本体聚合制备有机玻璃板　/ 035

实验二　PMMA 温度-形变曲线的测定　/ 038

实验三　PMMA 蠕变曲线的测定　/ 041

实验四　PMMA 维卡软化点的测定　/ 044

实验五　PMMA 热变形温度的测定　/ 047

实验六　PMMA 硬度测定　/ 051

实验七　Q 表测定 PMMA 的介电性能　/ 054

实验八　PMMA 电阻系数的测定　/ 057

实验九　平板流变仪测定 PMMA 的流变性能　/ 060

实验十　聚甲基丙烯酸甲酯的沉淀分级　/ 065

第三单元　玻璃钢的制备及其性能表征

实验一　不饱和聚酯的合成及其与玻璃布的层压复合　/ 070

实验二　玻璃钢的拉伸性能测试　/ 073

实验三　玻璃钢的压缩性能测试　/ 076

实验四　玻璃钢的弯曲性能测试　/ 081

实验五　玻璃钢的冲击性能测试　/ 085

实验六　玻璃钢的成分测定——热重分析　/ 089

实验七　玻璃钢的动态力学性能测试　/ 093

第四单元　计算机模拟实验

实验一　链状高分子构象演化的分子模拟　/ 100
实验二　受限空间中单链高分子通过纳米孔隙的 Monte Carlo 模拟　/ 104
实验三　Ab_g 型超支化高分子聚合反应的 Monte Carlo 模拟　/ 106
实验四　动态键型自修复凝胶的 Monte Carlo 模拟　/ 108

参考文献

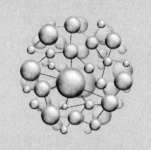

第一单元

聚苯乙烯的合成及其性能表征

20 世纪 30 年代，基于现代化工业的发展基础，以及对不同性能的塑料、橡胶和纤维的需求，高分子化学和工业逐渐兴起。1933 年德国法本公司将本体聚合制备聚苯乙烯的方法成功地进行了工业化转化，1938 年美国也开发了苯乙烯釜式本体聚合。随后各种性能的聚苯乙烯陆续被商品化，并广泛应用于家电、建材、包装、餐饮等各种行业。同时对聚苯乙烯的合成及性能的研究，也有力地推动了高分子物理及高分子材料应用研究的发展。

聚苯乙烯，英文名为 polystyrene，缩写为 PS，是由苯乙烯单体经加聚反应合成的聚合物，其结构式为：

$$-(CH_2-CH)_m-$$

聚苯乙烯分子链上交替连接着侧苯基。由于侧苯基的体积较大，有较大的位阻效应，而使聚苯乙烯的分子链变得刚硬，且刚性脆性较大。聚苯乙烯无毒、无臭，密度在 $1.04 \sim 1.07 \mathrm{g/cm^3}$，收缩率低，尺寸稳定性好，吸湿性低，透光率可达 90% 以上，电绝缘性能好，易着色，易印刷，加工流动性好，耐化学腐蚀性好等。

自美国科学家 Vanderhoff 和 Bradford 在 1955 年报道了窄粒径分布聚苯乙烯微球的制备方法以来，聚苯乙烯微球的制备与研究已成为高分子科学研究的新领域。聚苯乙烯微球不仅具有高分子微球的一般特点，比如凝集性好、球形度好、比表面积大、有表面反应能力、微球粒径大小均一且可控，而且还具有一些独特的性能，例如刚性大、不被一般溶剂溶解、不易生物降解等，与亲和配位体、蛋白质、染料等物质结合力较强等诸多优点。同时聚苯乙烯微球的苯环比较活泼，可以进行一系列的功能化反应，赋予微球表面不同活性的官能团，使其具有新的功能，从而更好地利用聚苯乙烯的特性，制备出具有潜在应用特性的功能材料。因此，聚苯乙烯微球作为高分子功能材料在免疫医学、生物化学、标准计量、分析化学、胶体科学及色谱分离等领域具有十分广阔的应用前景。

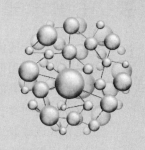

实验一

苯乙烯的乳液聚合

聚苯乙烯微球的常用制备方法包括悬浮聚合、分散聚合、乳液聚合、无皂乳液聚合、种子溶胀聚合等。不同粒径的微球可以用不同的方法制备，分散聚合和种子聚合适用于制备大粒径的微球，且分散性较好；乳液聚合和无皂乳液聚合则常用于制备纳米级的微球，悬浮聚合虽然也可以制备大粒径的微球，但所得微球通常分散性较差。乳液聚合（emulsion polymerization）是从 Harkins 的定性描述和 Ewart 和 Smith 的定量分析开始发展的，它包括非水溶性单体、表面活性剂、乳化剂及水溶性引发剂等基本组分，相比种子溶胀聚合，乳液聚合制备所得聚合物微球粒径（50～800nm）更小。由于乳液聚合具有反应热易排除、获得聚合物分子量高、聚合速率快等优点，因此，乳液聚合技术一直受到广泛关注。

乳液聚合是制备聚苯乙烯微球最通用的方法，本实验采用苯乙烯乳液聚合方法制备聚苯乙烯微球。

一、 实验目的

1. 了解乳液聚合原理及乳液聚合中各组分的作用。
2. 掌握乳液聚合相关操作。

二、 实验原理

单体在水中分散成乳液状态的聚合，称为乳液聚合。传统的乳液聚合是以大量水为分散介质，在介质中添加水溶性乳化剂，使单体在乳化剂的作用下分散，并使用水溶性的引发剂引发单体聚合，生成的聚合物以微细粒子状悬浮在水中呈白色乳液。

传统乳液聚合中乳化剂的作用是，降低表面张力，使单体乳化成小液滴并形成胶束，提供引发和聚合的场所。在乳液聚合体系中，乳化剂以四种形式存在：以单分子的形式存在于水中，形成真溶液；以胶束的形式存在于溶液中；被吸附在单体液滴表面上，使单体液滴稳定地悬浮在介质中；吸附在乳胶粒表面上维持聚合物乳液体系稳定。乳液聚合反应的聚合场所是乳胶粒，体系中的单体液滴通过乳化剂的作用逐渐扩散进入乳胶粒进行反应。

乳液聚合初期，单体和乳化剂分别处在水溶液、胶束、液滴三相。苯乙烯单体难溶于水，苯乙烯的经典乳液聚合以胶束成核为主。

　　乳液聚合的优点：聚合速率快、产物分子量高；由于使用水作为介质，易于散热、温度容易控制、费用低；由于聚合形成稳定的乳液体系黏度不大，故可直接用于涂料、黏合剂、织物浸渍等。乳液聚合的缺点是：聚合物中常带有未除净的乳化剂和电解质等杂质，从而影响成品的透明度、热稳定性、电性能等。尽管如此，乳液聚合仍是工业生产的重要方法，特别是在合成橡胶工业中应用得最多。

　　本实验以苯乙烯为单体，过硫酸钾为引发剂，十二烷基磺酸钠为乳化剂，以水为分散介质进行乳液聚合。

三、 实验仪器与样品

　　实验仪器：三口瓶，回流冷凝管，电动搅拌器，恒温水浴，温度计，量筒，移液管，烧杯，布氏漏斗，抽滤瓶，循环水泵。

　　实验样品：苯乙烯（新蒸），过硫酸钾，十二烷基磺酸钠，乙醇，蒸馏水。

　　实验装置如图 1-1 所示。

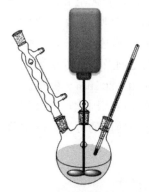

图 1-1　苯乙烯乳液聚合的实验装置

四、 实验步骤

　　1. 在装有搅拌器、冷凝管和温度计的 150mL 三口瓶中加入 50mL 蒸馏水、0.6g 乳化剂十二烷基磺酸钠，搅拌并水浴加热至 50℃，使乳化剂充分溶解。

　　2. 将水浴温度升高至 80℃ 并恒温搅拌 5min 后，将溶有 0.3g 过硫酸钾的水溶液（10mL）及 10mL 苯乙烯单体依次加入三口瓶中，并升温至 88～90℃ 反应。仔细观察实验现象（反应体系呈白色的乳液状）。

　　3. 在 88～90℃ 条件下反应 1.5h 后，停止反应，并将乳液倒入 150mL 烧杯中，然后往乳液中加入 5g NaCl，并迅速搅拌以破乳，可以看到大量乳液凝聚，形成白色糊状。

　　4. 用布氏漏斗抽滤，并用适量热水洗涤产物两次，乙醇洗涤一次，最后把产物抽干，置于 50～60℃ 烘箱中干燥。

　　5. 称重并计算单体转化率。

五、 实验数据记录与数据处理

1. 严格按照实验过程记录各组分加入量、反应温度、反应时间等数据。
2. 记录反应时间与转化率数据，与其他聚合方法对比。

六、 思考题

1. 乳液聚合方法有什么特点？
2. 根据乳液聚合特点，分析为什么乳液聚合在橡胶工业中应用最多？

七、 注意事项

1. 注意观察乳化剂是否完全溶解，乳化剂完全溶解后再加入单体和引发剂，否则实验可能失败。
2. 破乳时，需要一边加氯化钠一边剧烈搅拌，否则氯化钠无法分散开，会影响破乳的效果。

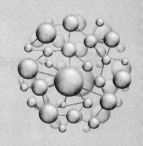

实验二

聚苯乙烯微球的结构表征——红外光谱法

随着对聚苯乙烯微球功能化研究的深入，用现代分析技术研究聚苯乙烯结构，确定结构和性能之间的关系，是制备具有独特功能和应用前景的聚苯乙烯微球不可缺少的重要保障。

红外光谱法是根据分子（官能团）有选择性地吸收红外线发生振动和转动能级的跃迁，通过测定这些能级跃迁的信息来研究分子结构的一种分析方法。傅里叶变换红外线谱仪通过傅里叶变换原理对干涉后的红外线信号进行处理，得到红外吸收光谱图，可以对样品进行定性和定量分析。傅里叶变换红外光谱仪具有扫描速率快、灵敏度和分辨率高等特点，已被广泛地应用于聚合物结构的表征。

红外线的波数可分为近红外区（$10000 \sim 4000 cm^{-1}$）、中红外区（$4000 \sim 400 cm^{-1}$）和远红外区（$400 \sim 10 cm^{-1}$）。其中，中红外区常用于化合物结构表征，将聚合物吸收红外线的情况用仪器记录下来，就得到红外光谱图。

一、 实验目的

1. 了解红外光谱分析法的基本原理。
2. 掌握红外光谱样品的制备和鉴别聚合物结构的方法。

二、 实验原理

在分子中存在着许多不同类型的振动，这些振动可分为两大类：一类是原子沿键轴方向伸缩使键长发生变化的振动，称为伸缩振动；另一类是原子垂直于键轴方向振动，此类振动会引起分子内键角发生变化，称为弯曲振动。分子振动能与振动频率成正比。不同分子的振动频率是不同的，频率与原子间的键力常数成正比，与原子的折合质量成反比。

原子或分子中存在的每一种振动都对应一定的振动频率，但并不是每一种振动都会和红外线发生相互作用而产生红外吸收光谱，只有能引起分子偶极矩变化的振动（称为红外活性振动）才能产生红外吸收光谱。在正常情况下，这些具有红外活性的分子振动大多数处于基态，被红外辐射激发后，跃迁到第一激发态。这种跃迁所产生的红外吸收称为基频吸收。在红外吸收光谱中，大部分吸收都属于这一类型。除基频吸收外，还有倍频吸收和合频吸收，但这两种吸收都较弱。

多原子分子振动较为复杂，每个键的振动会受其余键振动的影响。实验发现同一种化学键或基团，在不同化合物的红外光谱中，往往出现大致相同的吸收峰位置，称为基团特征频率。例如 CH_3CH_2Cl 中的 CH_3 基团具有一定的吸收峰，而且多数具有 CH_3 基团的化合物，都在同样的频率附近出现吸收峰，这可以认为是 CH_3 基团的特征频率。一般在红外谱图中，以 $1300cm^{-1}$ 为界限。在 $4000 \sim 1300cm^{-1}$，基团和频率的对应关系比较明确，称为官能团区。在 $1300cm^{-1}$ 以下，红外线不仅能测到它们的伸缩振动，还能测到它们的面内和面外的弯曲振动，谱图的数目很多，很难说明其明确的归属，犹如人的指纹，称为指纹区。表 1-1 给出了高聚物中常见官能团的特征峰位与频率的对应关系。

表 1-1 红外光谱中特征峰位与频率的对应关系

光谱区域/cm^{-1}	对应的主要吸收基团
$4000 \sim 3000$	O—N 伸缩振动在 $3700 \sim 3100cm^{-1}$，N—H 伸缩振动在 $3500 \sim 3300cm^{-1}$
$3300 \sim 2700$	C—H 伸缩振动，饱和烃 C—H 伸缩振动在 $3000cm^{-1}$ 以下，不饱和烃 C—H 伸缩振动(烯烃、炔烃和芳烃)在 $3000cm^{-1}$ 以上
$2500 \sim 1900$	—C≡C—、—C≡N、—C=C=C—、—C=C=O 和—N=C=O 伸缩振动
$1900 \sim 1650$	C=O 伸缩振动及芳烃中 C—H 弯曲振动的倍频和合频
$1675 \sim 1500$	芳环，C=C、C=N 伸缩振动，芳烃的 C=C 伸缩振动在 $1500 \sim 1400cm^{-1}$ 和 $1600 \sim 1590cm^{-1}$ 两个区域
$1500 \sim 1300$	C—H 面内弯曲振动
$1300 \sim 1000$	C—O、C—F、Si—O 伸缩振动和 C—C 骨架振动
$1000 \sim 650$	C—H 面外弯曲振动，C—Cl 伸缩振动

三、 实验仪器与样品

实验仪器：本实验采用的 VARIAN-640IR 红外仪见图 1-2。

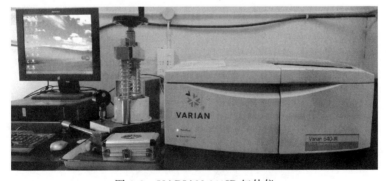

图 1-2 VARIAN-640IR 红外仪

实验样品：聚苯乙烯微球，光谱纯 KBr。

四、 实验步骤

1. 样品制备：取 50mg 聚苯乙烯微球溶解于 20mL 四氢呋喃中，加入少许甲醇至聚合物溶液出现明显浑浊。离心，将上层清液倾出，用少许丙酮冲洗三次，真空干燥得到聚苯乙烯粉末。

2. 取 2mg 左右的聚苯乙烯粉末和 100mg 左右的 KBr 晶体放在研钵中用力研磨，使待测样品均匀分散在 KBr 晶体中。将研好后的粉末小心地转入模具中，用制样机压片。一个较好的样片应该尽可能薄、均匀，并具有一定的透明性。

3. 将制好的样片固定在支架上，按照仪器的操作步骤扫描背景并进行测试。

4. 将谱图与已知标准谱图对照，找出聚苯乙烯谱图中的吸收峰的对应关系。

五、 思考题

1. 影响频率位移和谱图质量的因素有哪些？

2. 有没有可能用红外光谱来检测聚合物中的不同构象？

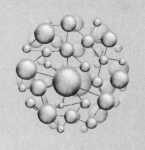

实验三

聚苯乙烯微球分子量及其分布的测定——凝胶渗透色谱法

聚苯乙烯微球的物理性质、溶液性质及功能化聚苯乙烯衍生物的性能等都与聚苯乙烯分子量及分子量分布有关，因此测定聚苯乙烯微球的分子量及其分布具有重要意义。凝胶渗透色谱（gel permeation chromarography，GPC）是 20 世纪发展起来的一种液相色谱，可直接测定聚合物分子量及其分布，还可给出聚合物的支化度、共聚物及共混物的组成等信息。该方法具有快捷、简便、重现性好、进样量少和自动化程度高等优点，现已成为聚合物研究的重要手段。

一、 实验目的

1. 熟悉 GPC 法测定高聚物分子量及分子量分布的原理。
2. 掌握 Waters-1500 型凝胶渗透色谱仪的操作技术。
3. 掌握 GPC 数据处理方法。

二、 实验原理

凝胶渗透色谱分离原理为体积排除理论，使被测高聚物溶液通过一根装有不同孔径凝胶的色谱柱，柱中可供分子通行的路径有粒子间（较大）和粒子内通孔（较小）。如图 1-3（a）所示，当聚合物溶液流经色谱柱时，较大的分子被排除在粒子的小孔之外，只能从粒子间的间隙通过，速率较快；而较小的分子可以进入粒子中的小孔，通过的速率要慢得多。当聚合物分子进入凝胶渗透色谱柱后，由于不同分子量的分子链尺寸不同导致不同大小的分子向载体孔洞渗透的程度不同，大分子能渗透进去的孔洞数目比小分子少，因此随着溶剂流动，与小分子相比，大分子在柱中保留的时间较短（淋洗时间短），于是整个样品按分子尺寸由大到小的顺序依次流出。

在 GPC 方法中，需要用已知分子量的单分散标准聚合物预先做一条淋洗时间或淋洗体积和分子量对应关系曲线，该曲线称为校正曲线 [图 1-3（b）]。聚合物中几乎找不到单分散的标准样，一般用窄分布的试样代替。在相同的测试条件下，作一系列的 GPC 标准谱图，对应不同分子量样品的淋洗体积。以分子量的对数 $\lg M$ 对淋洗体积 V_e 作图，所得曲线即为校正曲线。

$$lgM = A - BV_e \tag{1}$$

式中，A、B 为常数，与仪器参数、填料和实验温度、流速、溶剂等条件有关。B 是曲线斜率，是柱子性能的重要参数，B 数值越小，柱子的分辨率越高。在测量分子量时，尽管校正曲线的应用范围较广，但若待测样品的化学结构不同，其分子构象也会与标准样品的构象存在较大差距，导致相同的分子量具有不同的分子尺寸。因此在校正曲线中引入与分子尺寸相关的参数，可使标准曲线的应用范围更广，这样的标准曲线称为普适校准曲线。

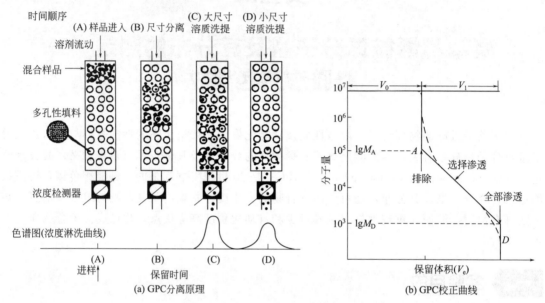

图 1-3　GPC 分离原理和校正曲线

凝胶渗透色谱谱图的横坐标表示样品的淋洗体积或级分，其值大小与分子量有关，表征了样品的分子量；纵坐标的值与该级分的样品量有关，表征了样品在某一级分下的质量分数。根据凝胶渗透色谱谱图数据，结合数均分子量、重均分子量及 Z 均分子量的计算公式就可以得到各种分子量的数值。

凝胶渗透色谱仪由泵系统、进样系统、凝胶色谱柱、检测系统等组成，如图 1-4 所示。

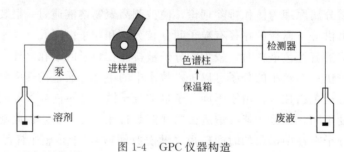

图 1-4　GPC 仪器构造

三、实验仪器与样品

实验仪器：Waters-1500 凝胶渗透色谱仪。

实验样品：聚苯乙烯微球，四氢呋喃溶剂。

四、 实验步骤

1. 流动相的准备：重蒸四氢呋喃，经 5# 砂芯漏斗过滤后备用。

配置标准样品：选取七个不同分子量的标样，按分子量排序，溶解后用装有 $0.45\mu m$ 孔径的微孔滤膜的过滤器过滤，待测。

2. 接通泵、保温箱和检测器的电源，仪器需预先平衡，平衡时间视具体情况而定。待仪器稳定后，方可进行实验。

3. 打开 Breeze 软件，软件自检，并设置分析时间、进样量、流速等测试条件，具体流速设置为 $1.0mL/min$（注意：为保护柱子，溶剂流速要在一定时间范围内慢慢提高，设定时间为 5min）。

4. 建立标准曲线，用进样器依次注射配置的七个标准样品，记录七个标准样品色谱峰的淋洗体积，按照软件操作，作 $lgM\text{-}V_e$ 图得 GPC 校正曲线。

5. 在配样瓶中称取约 4mg 被测样品，注入约 2mL 溶剂，溶解后过 $0.45\mu m$ 孔径的微孔滤膜。

6. 样品测试，按照步骤 4 的操作注射样品。在测试过程中，要注意仪器工作是否正常，如正常，样品测试完后即可得到所需凝胶色谱图。

7. 试验结束，清洗进样器，依次关机。

五、 实验数据记录与数据处理

利用 Breeze 软件对数据进行处理，得到聚苯乙烯的分子量统计平均值和分散系数。

六、 思考题

1. 凝胶渗透色谱的分离原理是什么？
2. 在用 GPC 测定聚苯乙烯分子量时，溶液浓度需要准确配制吗？
3. 同样分子量样品支化的和线型的分子哪个先流出色谱柱？

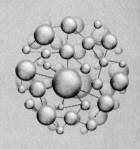

实验四

聚苯乙烯微球的性能参数测定——溶度参数

溶度参数是表示物体混合能力与相互溶解能力的参数。确定聚苯乙烯的溶度参数是了解其能否溶于某一溶剂的重要途径。

一、 实验目的

1. 了解聚合物溶度参数的定义及意义。
2. 掌握浊度滴定法测定聚合物溶度参数的方法。

二、 实验原理

溶度参数定义为"内聚能密度"的平方根：

$$\delta = \left(\frac{\Delta E}{V} \right)^{\frac{1}{2}} \tag{1}$$

内聚能就是把 1g 分子液体，从液体中移到离开周围分子无限远地方所需的能量。对于小分子来说，内聚能就是气化能。而聚合物不能挥发，不存在气态，因此它的溶度参数不能由气化能直接测得。

聚合物和溶剂的溶度参数与哈金斯参数 χ 存在如式（2）的关系。哈金斯参数是表征聚合物分子链段与溶剂分子之间作用能的一种参数。当哈金斯参数等于 0.5 时，高分子溶液处于理想状态，即 θ 状态。同时由式（2）可知哈金斯参数最小值为 0，即聚合物的溶度参数 δ_p 和溶剂的溶度参数 δ_s 相等时，此时聚合物的溶解效果最好。

$$\chi = \frac{v_0}{kT} (\delta_p - \delta_s)^2 \tag{2}$$

目前测定聚合物溶度参数的方法主要有溶胀法、黏度法、估算法和浊度法等。

1. 溶胀法：将待测聚合物适当交联，用一系列不同溶度参数的溶剂进行溶胀，在达到溶胀平衡时，使聚合物溶胀最大所用溶剂的溶度参数，即为聚合物的溶度参数。

2. 黏度法：假定聚合物的溶度参数与某一溶剂的溶度参数相等，则高分子链在该溶剂中充分舒展，扩张得最大，从而此溶液的黏度也最大。因此，只要将聚合物溶于一系列不同溶度参数的溶剂中，分别测定溶液的特性黏度。其中黏度最大的溶液所对应溶剂的浓度参数，即为该聚合物的溶度参数。

3. 估算法：斯摩尔认为，物质的吸引常数 F，无论对于低分子化合物或聚合物都具有基因加和性，并提出一套基团的摩尔吸引常数。其计算公式如下：

$$\delta = \frac{\sum F_i}{\sum V_i} \tag{3}$$

式中，F_i 与 V_i 分别为基团的摩尔吸引常数与摩尔体积。但体积应区分所测物体是玻璃态、橡胶态或液态。根据式（3）估算值与实验值一般相差 10% 左右。

又因为，

$$\delta = \frac{\sum F_i}{\bar{V}} = \frac{d \sum F_i}{M} \tag{4}$$

式中，$\bar{V}$ 为试样的摩尔体积；d 为试样的密度；M 为样品分子量（对聚合物 M 为链节分子量）。所以，只需测得聚合物的密度 d，δ 也可以计算出来。

4. 浊度法：在二元互溶体系中，混合溶剂的溶度参数可近似表示为：

$$\delta_{sm} = \phi_1 \delta_{s1} + \phi_2 \delta_{s2} \tag{5}$$

式中，ϕ_1、ϕ_2、δ_{s1} 和 δ_{s2} 分别表示混合溶剂中组分 1 和组分 2 的体积分数和溶度参数。当聚合物的溶度参数 δ_p 在两个互溶混合溶剂的溶度参数 δ_{s1} 和 δ_{s2} 的范围内，我们便能调节这个互溶混合溶剂的溶度参数 δ_{sm} 值，使 δ_{sm} 和 δ_p 很接近。这样，测定混合溶剂的溶度参数即可得聚合物的溶度参数。浊度滴定法就是将待测聚合物溶于某一溶剂中，然后逐滴加入沉淀剂，直至溶液出现浑浊。通过良溶剂和加入沉淀剂的比例，按照式（5）可得浊点时的溶度参数 δ_{sm}。需要注意的是，当聚合物在溶液中逐渐达到浊点时，聚合物溶液逐渐接近于 θ 条件，形成浑浊时聚合物溶液越过 θ 条件，此时的混合溶剂为聚合物的劣溶剂。因此浊点时混合溶剂的 δ_{sm} 与 δ_p 相差较大。由式（2）可知 v_0 和 k、T 均为固定数值，当哈金斯参数等于 0.5 时，δ_{sm} 可以大于 δ_p，也可以小于 δ_p，且由此得到的差值应相等。基于此结果，选用的两种沉淀剂的溶度参数应对称分布于聚合物溶度参数两侧，且有一定差距。这样滴定至浊点时得到的 δ_{sm} 也分布于 δ_p 两侧且差值相等，因此两种混合溶剂的 δ_{sm} 和的平均值应等于 δ_p。

实验过程中可以选择两种不同溶度参数的沉淀剂来滴定聚合物溶液，取其平均值。

$$\delta_p = \frac{1}{2}(\delta_{mh} + \delta_{ml}) \tag{6}$$

式中，δ_{mh}、δ_{ml} 分别为高、低溶度参数的沉淀剂滴定聚合物溶液在浊点时混合溶度参数。

本实验用浊度法测定聚苯乙烯的溶度参数。

三、　实验仪器与样品

实验仪器：25mL 滴定管 5 支，150mL 锥形瓶 1 个，10mL 移液管 3 支，25mL 容量瓶 1 个。

实验样品：聚苯乙烯微球，氯仿，正戊烷，甲醇。

四、　实验步骤

1. 称取 0.2g 左右的聚合物样品，溶于 25mL 容量瓶中并加溶剂（用氯仿作溶剂）至刻度。用移液管分别吸取 10mL 放入锥形瓶中，先用正戊烷滴定。注意在滴定时要不断摇晃锥形瓶，直至出现沉淀不再消失为止，即为滴定终点。记下所用去的正戊烷体积。然后用甲醇滴定至浊点。记下所用沉淀剂的体积数。

2. 分别称取 0.1g、0.5g 聚合物样品，溶于 25mL 容量瓶中，重复步骤 1 操作进行滴定。

五、 实验数据记录与数据处理

1. 根据式（5）计算出两组混合溶剂的溶度参数 δ_{mh} 和 δ_{ml}。
2. 由式（6）计算聚苯乙烯的溶度参数 δ_p。
3. 将结果列入表 1-2 中。

表 1-2　试验数据及结果

溶液浓度/(g/mL)	沉淀剂 1/mL	沉淀剂 2/mL	δ_{ml}	δ_{mh}	δ_p

六、 思考题

1. 将实验值与理论值加以比较，分析所得结果与产生偏差的原因。
2. 浊度法测溶度参数如何选择溶剂？溶剂与聚合物的溶度参数相近，是否能保证二者相溶？为什么？

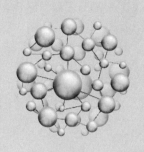

实验五

聚苯乙烯微球的性能参数测定——特性黏度

聚苯乙烯溶液在流动时，由于分子间的相互作用，产生了阻碍运动的内摩擦力，黏度就是这种内摩擦力的表现，黏度大小与溶液浓度、聚合物的分子量和拓扑结构有关。特性黏度是与浓度无关的特征量，它可以反映聚合物的黏均分子量、支化度和分子链尺寸等参数。因此测定聚合物溶液的特性黏度具有重要意义。乌氏黏度计测定聚合物特性黏度的方法具有操作简单方便、适用范围广和精度较好等特点，因而得到广泛应用。

一、 实验目的

1. 掌握乌氏黏度计测定聚合物特性黏度的方法。
2. 了解由聚合物特性黏度计算黏均分子量、支化度和分子链尺寸的原理。

二、 实验原理

（一） 特性黏度

聚合物溶液的特性黏度通常不能直接获得，根据 Huggins 方程和 Kraemer 方程，可得特性黏度与相对黏度、比浓黏度的关系：

$$\frac{\eta_{sp}}{C} = [\eta] + k[\eta]^2 C \tag{1}$$

$$\frac{\ln \eta_r}{C} = [\eta] - k'[\eta]^2 C \tag{2}$$

式（1）中的 η_{sp} 为增比黏度，$\dfrac{\eta_{sp}}{C}$ 为比浓黏度；式（2）中的 $\dfrac{\ln \eta_r}{C}$ 为对数比浓黏度，η_r 为相对黏度，是溶液黏度 η 与溶剂黏度 η_0 的比值：$\eta_r = \dfrac{\eta}{\eta_0}$。式（1）是比浓黏度关于浓度的直线方程，式（2）是对数比浓黏度关于浓度的直线方程，将两条直线外推到浓度为零，即 $C \rightarrow 0$，两条直线在纵坐标轴上的截距应交于一点，即得到与溶液浓度无关的特性黏度 $[\eta]$，该方法称为外推法。

一般线型高分子的良溶液满足关系式，$k + k' = 0.5$，则根据式（1）和式（2），可得

$$[\eta]=\frac{1}{C}\left[2(\eta_{sp}-\ln\eta_r)\right]^{1/2} \tag{3}$$

此外，令 $\dfrac{k}{k'}=\gamma$，根据式（1）和式（2），又可得

$$[\eta]=\frac{\eta_{sp}+\gamma\ln\eta_r}{(1+\gamma)C} \tag{4}$$

依据式（3）和式（4）计算特性黏度只需测定一个浓度下溶液的黏度，此法称为"一点法"。

假定液体流动时没有湍流发生，则可将牛顿黏性流动定律应用于液体在毛细管中的流动，得到

$$\eta=A\rho t \tag{5}$$

$$\eta_0=A\rho_0 t_0 \tag{6}$$

式中，A 为仪器常数；ρ 和 ρ_0 分别为溶液和溶剂的密度；t 和 t_0 分别为溶液和溶剂流经毛细管的时间。

当测定的溶液很稀时，$\rho\approx\rho_0$，所以

$$\eta_r=\frac{\eta}{\eta_0}=\frac{t}{t_0} \tag{7}$$

根据增比黏度的定义可知：

$$\eta_{sp}=\frac{\eta-\eta_0}{\eta_0}=\eta_r-1 \tag{8}$$

因此，根据在同一段毛细管中纯溶剂和溶液的流经时间，就可求出溶液的相对黏度和增比黏度，进而根据外推法或一点法得到特性黏度。

（二）特性黏度与分子参数的关系

1. 特性黏度与分子量的关系

聚合物溶液的黏度与聚合物分子量有一定的关系，基于 Mark-Houwink 经验公式，可得聚合物的黏均分子量：

$$[\eta]=KM^{\alpha} \tag{9}$$

式中，K 和 α 是两个常数，称为 Mark-Houwink 常数，其值取决于高分子及溶剂的性质以及温度、分子量范围等因素。

2. 特性黏度与分子链尺寸的关系

Flory 通过分析影响特性黏度的因素，给出

$$[\eta]=\frac{\Phi\langle R^2\rangle^{\frac{3}{2}}}{M} \tag{10}$$

式中，Φ 是与高分子性质无关的普适常数，在 θ 溶剂中，$\Phi_\theta=2.84\times10^{23}$。从一维扩张因子的定义可知，

$$\langle R^2\rangle=\alpha^2\langle R^2\rangle_\theta \tag{11}$$

又有

$$[\eta]=\Phi\left(\frac{\langle R^2\rangle_\theta}{M}\right)^{3/2}\alpha^3 M^{1/2} \tag{12}$$

因此，获知聚合物的分子量，测定 θ 溶剂的特性黏度，可得聚合物的均方尺寸和无扰均方尺寸。

3. 特性黏度与支化度的关系

线型聚合物和支化聚合物在溶液中的流体力学体积不同，对溶液黏度的贡献不同，即溶液的特性黏度不同。相同平均分子量条件下，支化聚合物的流体力学体积较小，其溶液的特性黏度也较小。随着分子链支化度的增加，溶液的特性黏度降低。因此，求出支化聚合物和其线型聚合物的特性黏度，可得聚合物的支化度 G。

$$G = \frac{\langle R^2 \rangle_{支化}}{\langle R^2 \rangle_{线型}} \tag{13}$$

在 θ 条件下，有：

$$G = \frac{[\eta]_{\theta 支化}}{[\eta]_{\theta 线型}} \tag{14}$$

三、 实验仪器与样品

实验仪器：25mL 容量瓶，50mL、100mL 具塞锥形瓶，乌氏黏度计（图 1-5），洗耳球，夹子，计时用秒表。

实验样品：聚苯乙烯微球，甲苯。

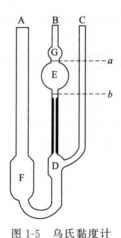

图 1-5 乌氏黏度计

四、 实验步骤

1. 在分析天平上精确称取 0.1g 干燥试样加入容量瓶中，并加入 15mL 甲苯，待完全溶解后放入 30℃恒温水槽中，经恒温后再用移液管仔细地滴加甲苯至容量瓶颈部的刻度线，并摇匀。然后用 G2 砂芯漏斗过滤，盛入 50mL 具塞锥形瓶中。

2. 在 100mL 具塞锥形瓶中，用 G2 砂芯漏斗滤入 50mL 甲苯作稀释剂用。

3. 用移液管自 100mL 锥形瓶中取 15mL 溶剂倒入黏度计中，测定三次流出时间，取平均值记录到表 1-3 内。取少许聚苯乙烯溶液加入乌氏黏度计，润洗乌氏黏度计三次，尤其是反复润洗乌氏黏度计的毛细管。待润洗完毕后，取 10mL 聚苯乙烯溶液加入乌氏黏度计的 A 管中。将盛有聚苯乙烯溶液的乌氏黏度计放置在恒温槽中数分钟，使聚苯乙烯溶液恒温至30℃。用夹子夹住 C 管上连接的乳胶管，通过 B 管上的乳胶管慢慢抽气，当把液面抽至 G

球的一半时，停止抽气，将 C、B 管上乳胶管全放开，此时 G 球内的液面逐渐下降，而空气进入 D 球。水平注视下降的液面，用秒表测定液面经过 $a \rightarrow b$ 线所需要的时间，重复操作 2～3 次，取其平均值记入表 1-3 内。注意：每组测定的流经时间误差不超过 0.2s，否则重测。

4. 取 5mL 溶剂加入黏度计中，这时黏度计中溶液的浓度变为原来的 10/15（2/3）。将液面吸至 G 球两次，使溶液浓度均匀后再测定流经时间。同样的依次加入溶剂 5mL、10mL、15mL，使溶液浓度各为原起始浓度的 10/20、10/30、10/40（即 1/2、1/3、1/4），分别测定它们的流经时间，同样记入表 1-3 内。

表 1-3   流经时间

浓度	第一次	第二次	第三次	平均值
溶剂				
C				
2/3C				
1/2C				
1/3C				
1/4C				

五、 实验数据记录与数据处理

1. 利用外推法作图得到聚苯乙烯的特性黏度。
2. 根据 Mark-Houwink 公式计算聚苯乙烯的黏均分子量。
3. 根据式（10）、式（11），计算聚苯乙烯的均方尺寸和无扰均方尺寸。

六、 思考题

1. 乌氏黏度计测相对黏度的依据是什么？
2. 讨论产生试验误差的主要原因。
3. 在 θ 条件下，Mark-Houwink 公式中 α 是多少？

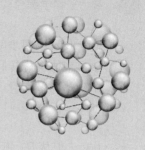

实验六

聚苯乙烯微球的性能参数测定——表观黏度

聚苯乙烯热稳定性好，可以用多种方法加工成型，如注塑、挤出、吹塑、热成型等。合理设计加工工艺及设备的选用与开发，需要确定聚苯乙烯的流变性能。表观黏度是对流动性好坏的大致体现，是指在一定速度梯度下，相应的剪切应力与剪切速率的比值。测定聚苯乙烯的表观黏度，是对其加工工艺控制的重要依据。

表观黏度可以用旋转式黏度计进行测定。旋转式黏度计通常比毛细管黏度计构造复杂，但其具有测量快速方便、数据正确可靠等优点。因而旋转式黏度计广泛应用于测量液体的表观黏度。

一、 实验目的

1. 了解旋转黏度计的构造和测试原理。
2. 掌握聚苯乙烯溶液黏度的测定方法。

二、 实验原理

旋转黏度计是测量低黏度流体黏度的一种一般仪器，其工作原理见图 1-6。

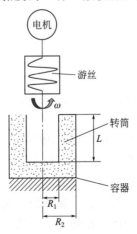

图 1-6　旋转黏度计的工作原理

仪器由同步电机以稳定的角速度（ω）转动，通过游丝和联轴器带动转子旋转，转子在被测液体中旋转时受到了黏滞阻力，产生反作用，使游丝产生扭矩，当游丝扭矩与抗衡黏滞阻力达到平衡时，连接电机的刻度盘上的指针稳定在某一刻度上，此时黏滞力矩为

$$T = 2\pi\eta L r^3 \frac{\mathrm{d}\omega}{\mathrm{d}r} \tag{1}$$

r 值从 R_1 到 R_2，ω 是旋转角速度。由于外圆筒是静止的，且外圆筒内壁液体与筒壁无滑动，角速度为零，对式（1）积分结果整理得到

$$\eta = \frac{T}{4\pi L\omega}\left(\frac{1}{R_1^2} - \frac{1}{R_2^2}\right) \tag{2}$$

转动达到稳定状态时，与游丝连接的指针在刻度盘上指示的稳定读数记为 α，乘上相应的系数 K 即为测得的黏度值

$$\eta = K\alpha \tag{3}$$

三、 实验仪器与样品

实验仪器：NDJ-1 型旋转黏度计（图 1-7），500mL 烧杯 3 个。

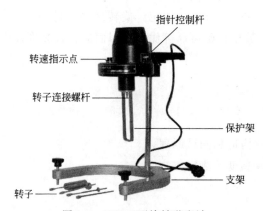

图 1-7　NDJ-1 型旋转黏度计

实验样品：聚苯乙烯，甲苯。

四、 实验步骤

1. 配制溶液

配制 1%、5% 和 10% 聚苯乙烯的甲苯溶液各 500mL。

2. 黏度测定

（1）将 1% 聚苯乙烯的甲苯溶液置于 500mL 烧杯中。

（2）将保护架装在仪器上（向右旋入装上，向左旋出卸下），调整仪器水平。

（3）将选配好的转子旋入连接螺杆（向左旋入装上，向右旋出卸下）。

（4）旋转升降旋钮使仪器缓缓下降，转子逐渐浸入被测液体中，直到溶液液面与转子液面标志相平。开启电机开关，转动调速旋钮使转子在液体中旋转，并逐渐上升到设定值。待指针趋于稳定时（一般 20～30s，或按规定时间进行读数），按下指针控制杆使计数固定下

来（注意：①不得用力过猛；②转速慢时可不利用控制杆，直接读数），再关闭电机，使指针停在读数窗内，读取读数。当电机关停后如指针不处于读数窗内时，可继续按住指针控制杆，反复开启和关闭电机，经几次练习即能熟练掌握，使指针停于读数窗内，即可读取读数。

（5）当指针所指的数值过高或过低时，可更换转子或（和）改变转速，务必使指针读数落在30～90格。测试三次，取平均值，记录数据。

（6）测试完毕后取下转子，认真清洗后要放回转子盒中（不得在仪器上进行转子清洗）。

（7）重复步骤（1）～（6）测试5％和10％聚苯乙烯的甲苯溶液。

（8）记录处理数据。

3. 量程、系数及转子、转速的选择

（1）先大约估计被测液体的黏度范围，然后根据量程表（表1-4）选择适当的转子和转速。例如测定3000mPa·s左右的液体时可选用下列组合：2号转子，6r/min；或3号转子，30r/min。

（2）当估计不出被测液体的大致黏度时，应假定为较高的黏度，试用由小到大的转子和由慢到快的转速。原则是高黏度的液体选用小转子（转子号高），慢转速；低黏度的液体选用大转子（转子号低），快转速。

（3）系数：测定时指针在刻度盘上指示的读数必须乘上系数表（表1-5）上的特定系数才为测得的黏度（mPa·s）。

（4）频率误差的修正：当使用电源频率不准时，可按下列公式修正：

$$实际黏度＝指示黏度×名义频率/实际频率$$

表1-4　量程表　　　　　　　　　　单位：MPa·s

转子 \ 量程	转速/(r/min)			
	60	30	12	6
1	100	200	500	1000
2	500	1000	2500	5000
3	2000	4000	10000	20000
4	10000	20000	50000	100000

表1-5　系数表

转子 \ 系数	转速/(r/min)			
	60	30	12	6
1	1	2	5	10
2	5	10	25	50
3	20	40	100	200
4	100	200	500	1000

五、 实验数据记录与数据处理

根据记录的指针读数，利用式（3），计算聚苯乙烯的甲苯溶液黏度。

六、 思考题

1. 聚苯乙烯的黏度与溶液浓度有什么关系?
2. 测定流体黏度都有什么方法?

七、 注意事项

1. 装卸转子时应小心操作,装拆时应将连接螺杆微微抬起进行操作,不要用力过大,不要使转子横向受力,以免转子弯曲。

2. 装上转子后不得将仪器侧放或倒放。

3. 一定要在电机运转时变换转速。

4. 仪器升降时应用手托住仪器,防止仪器自重坠落。

5. 装上转子后不得在无液体的情况下"旋转",以免损坏轴尖。

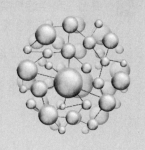

实验七

聚苯乙烯微球的性能参数测定——
示差扫描量热测定玻璃化转变温度

玻璃化转变温度是指高聚物由玻璃态转变为高弹态时所对应的温度。当材料发生玻璃化转变时，材料的力学性质、热力学性质、电磁性质和光学性质等都会发生变化。聚苯乙烯微球的玻璃化转变温度决定着该类材料的使用范围。材料在玻璃化转变温度前后比热容往往发生变化，示差扫描量热法、差热分析法和调制差示扫描量热法都可以检测到这种热效应，根据比热容随温度的变化可确定玻璃化转变温度。

一、 实验目的

1. 了解 CDR-4P 差动热分析仪的结构原理及测试原理。
2. 掌握应用 DSC 测定聚合物的 T_g、T_c、T_m、ΔH_f 及结晶度的方法。

二、 实验原理

聚合物在受热或冷却过程中，由于发生物理变化或化学变化而产生热效应。示差扫描量热法 （differential scanning calorimetry，DSC） 是在差热分析法 （differential thermal analysis，DTA） 的基础上发展起来的，其原理是检测程序升降温过程中为保持样品和参比物温度始终相等所补偿的热流率随温度或时间的变化。

功率补偿型 DSC 用两个炉子分别对参比物和试样进行加热，并采用铂电阻温度计测量炉温，如图 1-8 所示。将样品置于加热炉中的托架上，在等速升温或降温时，若试样不发生热效应，在理想情况下，试样温度和参比物温度相等；当试样在加热过程中由于热反应而出现温差 ΔT 时，通过差热放大电路和差动热量补偿放大器使流入补偿加热丝的电流发生变化，直到与参比物两边的热量平衡、温差 ΔT 消失为止。试样在热反应时发生的热量变化，由于及时输入电功率而得到补偿。这时，试样放热的速度就是补偿给试样和参比物的功率之差 ΔW。因此 DSC 曲线记录 ΔW 随温度 T （或时间 t） 的变化，即试样放热速度（或者吸热速度）随温度 T （或时间 t） 的变化。由功率补偿引起的功率差用方程 （1） 表示

$$\Delta W = \frac{\mathrm{d}Q_s}{\mathrm{d}t} - \frac{\mathrm{d}Q_r}{\mathrm{d}t} = \frac{\mathrm{d}H}{\mathrm{d}t} \tag{1}$$

式中，$\dfrac{\mathrm{d}Q_s}{\mathrm{d}t}$ 和 $\dfrac{\mathrm{d}Q_r}{\mathrm{d}t}$ 分别为单位时间内供给试样和参比物的热量；$\dfrac{\mathrm{d}H}{\mathrm{d}t}$ 表示热流率即单位时间试样的热熔变化。

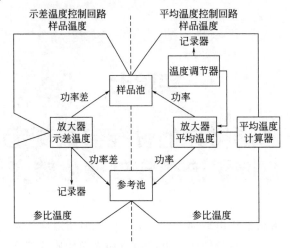

图 1-8　功率补偿型 DSC 整机工作原理

DSC 与 DTA 相比，突出的优点是差动热分析时，试样与参比物的温度始终相等，避免了 DTA 测试时，试样发生热效应造成的参比物与试样之间的热传递，故仪器反应灵敏，分辨率高，重现性好。

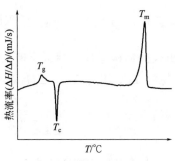

图 1-9　DSC 曲线

图 1-9 是聚合物 DSC 曲线。纵坐标是热流率 $\Delta H/\Delta t$（mJ/s），横坐标是温度。在起始阶段，试样热流率不随温度的增加而增加，当温度达到玻璃化转变温度 T_g 时，试样的热容增大就需要吸收更多的热量，并重新达到一稳定值，使基线发生位移，该转变区称为玻璃化转变区。通常将转变区的中点或拐点所对应的温度取作试样的玻璃化转变温度，T_g 可由计算机软件给出，同时还可得到玻璃转变温度起始温度、终止温度和转变前后比热容变化值等参数。与玻璃转变区相邻的放热峰是冷结晶峰，经计算机软件可得结晶温度 T_c、结晶起始温度、结晶终止温度和结晶热熔 ΔH_c（对应结晶峰的面积）。进一步升温，结晶熔融吸热，出现吸热峰，同样经计算机软件处理可得熔点 T_m、起始熔融温度、终了温度和熔融热熔 ΔH_m（对应熔融峰的面积）。熔变的计算式如下：

$$\Delta H_m = \int_{t_1}^{t_2} \Delta H \,\mathrm{d}t \tag{2}$$

DSC 曲线中结晶试样熔融峰的峰面积对应试样的熔融热 ΔH_m（J/mg），若百分之百结晶的试

样的熔融热 $\Delta H_{\mathrm{m}}^{*}$ 是已知的，按式（3）计算试样的结晶度 f_{c}：

$$f_{\mathrm{c}} = \frac{\Delta H_{\mathrm{m}}}{H_{\mathrm{m}}^{*}} \tag{3}$$

DSC 虽在原理及操作上都不复杂，但影响试验精度的因素很多。①仪器因素：与炉子的形状、大小和温度有关。②测试时所有的气氛是否为惰性。③热电偶的粗细及其位置会影响差热曲线的形状和峰面积。④升温速率：玻璃化转变是一个松弛过程，升温速度太慢，转变不明显，甚至观察不到玻璃化转变；升温太快，T_{g} 移向高温。结晶性聚合物在升温过程中晶体完善化，使 T_{m} 和结晶度提高。升温速度对峰的形状也有影响，升温速度快、基线漂移大，会降低两个相邻峰的分辨率；升温速度适当、峰尖锐、分辨率也好，但速度太慢，峰变圆滑，且峰面积也减小。⑤试样因素：试样量和参比物量要匹配，以免两者热容相差太大引起基线漂移。试样装填应紧密。

三、　实验仪器与样品

实验仪器：CDR-4P 型差动热分析仪（上海天平仪器厂生产）。该仪器由差热放大单元、差动热补偿单元、微机温控单元、可控加热单元、数据站单元、电炉、PC 机及打印机 8 个部分组成。

实验样品：聚苯乙烯微球，参比物 $\alpha\text{-}Al_2O_3$。

四、　实验步骤

1. 仪器准备：按照仪器说明书的要求对仪器进行检查，做好准备工作，使仪器处于正常状态。

2. 从面板下方到上方依次打开仪器电源，预热 20min。

3. 准确称取 15mg 左右 $\alpha\text{-}Al_2O_3$ 为参比，再称取相当质量的待测聚合物。转动手柄，将电炉的炉体升到顶部，然后将炉体向前转出，将样品和参比分别放入样品支架的左右两侧托盘，然后将电炉转回原位，利用炉架底座作为反射镜，观察试管支架是否在炉体的中间。慢慢降下炉体，盖好炉体。

4. 接通冷却水，选择所需的测试气氛，调节气体流量。

5. 调节仪器测试条件。

① 将差热放大器单元的量程选择开关置于"短路"位置，"差动/差热"选择开关置于"差热"位置。转动"调零"旋钮，使差热指示电表指在"0"位置。差动热指补偿单元在正常情况下不需要调零。

② 将"差热/差动"开关置于"差动"位置，微伏放大器量程开关置于"±100μV"位置（注意：不论热量补偿的量程选择在哪一挡，作差动测量时，微伏放大器量程都应放在 ±100μV 挡），斜率调整置于"6"。

③ 将差热补偿放大器单元的"准备/工作"旋钮置于"工作"位置，量程开关放在适当位置（一般选择 80mW 或 120mW）。如无法估计确切的量程，则可放在量程较大的位置，先预做一次。

6. 根据测量要求，选择适当的升温方式和速度编制程序。

① 按住"∧"键，SV 屏幕显示"STOP"时再松手。

② 按一下"＜"键即放开，PV 屏幕显示"C 01"，用"∧""∨"键调节温度高低，用"＜"键移动小数点位置，输入起始温度（一般设为零）。

③ 按一下"★"键，立即松手，（若按住超过两秒，出现"STEP"时，不能再按其他键，必须等待 SV 屏幕出现跳跃"HOLD"状态时，重新由第一步开始设置。）PV 屏幕显示"T 01"，用"∧""∨"键，输入第一阶段升温所需时间。

④ 按一下"★"键，PV 屏幕显示"C 02"，用"∧""∨"键，输入第一阶段结束温度（通常比实际所需温度高 30℃左右）。

⑤ 按一下"★"键，PV 屏幕显示"T 02"，用"∧""∨"键，输入"-120"表示停止加热。等待 SV 屏幕自动跳跃到 STOP 状态，即 STEP1 设定操作完毕。

⑥ 按住"∧"键，SV 屏幕显示"HOLD"时即松手，等待 3min 使指令完全输入。

⑦ 按住"∧"键，SV 屏幕显示"RUN"时立即松手，再按电炉启动按钮，即电炉开始升温，此时输入电压由 0.2V 逐渐增大至 50V 左右即为正常。

7. 启动计算机 DSC 热分析软件，出现"数据采样程序"界面，单击"采样设置"，设置好名称、质量、升温速度等相关参数，然后开始采样。

8. 升温至所需值后，按电炉停止按钮，结束升温。然后，按住"∧"键，直到 SV 屏幕显示"STOP"时再松手。

9. 按"曲线"菜单下的"保存"，将 DSC 曲线保存好。

10. 将电炉升高，用电吹风吹冷风使电炉降至室温，则可进行下一个样品的测试。

11. 测试完毕，依次关闭打印机、数据处理微机、数据站接口单元、差动热补偿单元、差热放大单元、微机温控单元（可控硅加热单元）电源开关。

12. 关闭气体阀门及冷却水。

五、 计算机数据处理

调出保存的 DSC 曲线后，即可进行数据处理。具体步骤如下。

1. 在"数据采样程序"界面中，单击"分析"菜单下的"曲线分析"选项，出现"曲线/选项/报告框"界面时，单击"打开"文件图标，双击打开选定曲线。

2. 单击"处理"菜单下的"设置"选项，选择"常规处理"或"玻璃化转变温度"，输入需处理的"待处理峰数"，按"确定"键。

3. 分别单击起点、终点图标，用鼠标确定待处理峰的起点、终点，然后单击"处理"菜单中的"计算"，得到该峰的熔融温度、焓变值等处理结果。

4. 单击"报告"菜单中的"打印选择"，勾选"图谱/DSC/标志/T/结果"，按"确认"键即开始打印结果。

六、 思考题

1. 为什么能用 DSC 研究聚合物的结构？

2. 在 DSC 谱图上怎样辨别 T_g、T_c、T_m？

3. 影响 DSC 实验结果的因素有哪些？

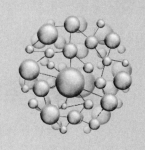

实验八

聚苯乙烯微球的性能参数测定——膨胀系数

膨胀系数是表征物体受热时其长度、面积、体积增大程度的物理量,是衡量聚合物热尺寸稳定性能的一个重要指标。

膨胀计法测定体积变化操作简单、使用方便。本实验利用膨胀计法测定聚苯乙烯微球的膨胀系数。

一、 实验目的

1. 掌握用膨胀计法测定聚苯乙烯微球膨胀系数的操作方法。
2. 了解膨胀系数与玻璃化转变温度的关系。

二、 实验原理

膨胀计法测定膨胀系数是一种简单、经典的方法。膨胀计主要由两部分组成,下部是样品瓶,上部是带有刻度的毛细管。聚苯乙烯微球受热体积必将发生变化,如果将这种体积变化放在一根直径很窄的毛细管中观察,其灵敏度将大大提高。

$$V = \alpha T \tag{1}$$

式中,V 为体积;α 为膨胀系数;T 为温度。

聚合物随着温度升高,经历三个不同的力学状态:玻璃态、高弹态和黏流态。玻璃态区域分子运动能量很低,热能还不足以克服分子链段的旋转和平移运动的位垒,链段基本上处于"冻结"状态,只有键长键角的运动,没有分子链构象的转变,此时膨胀系数较小。随着温度升高,分子热运动能增加,当分子的动能与链段运动所需的活化能为同一数量级时,分子的链段运动开始被激发,但由于邻近分子链之间存在较强的局部相互作用,整个分子链的运动仍受到很大抑制,聚合物变得柔软而具有弹性。此时聚合物膨胀系数发生突变,即膨胀系数与温度的曲线出现转折点,对应聚合物由玻璃态逐渐转变到高弹态,转折点温度称为玻璃化转变温度。温度继续升高,分子热运动能量继续增加,使分子链能自由运动,此时聚合物由高弹态向黏流态转变,对应温度称为黏流温度。

聚合物的玻璃化转变是一个松弛过程,因此热膨胀系数的转折点不是一个确定值,而是随测定方法及升温速率的改变而发生变化。升温速率快时所对应玻璃化转变温度偏高,反之就偏低。用膨胀计测定聚合物的膨胀系数时，升温速度一般是控制在 5℃/min。

三、 实验仪器与样品

实验仪器：膨胀计，加热套，烧杯，温度计（0～150℃），滴管。

实验样品：聚苯乙烯微球，乙二醇，滤纸。

四、 实验步骤

1. 洗净膨胀计，烘干后装入聚苯乙烯微球到样品瓶的 4/5 体积处。

2. 用滴管向膨胀计中加入乙二醇作介质，用玻璃棒搅拌，使膨胀计的样品瓶内没有气泡。继续加入乙二醇至样品瓶颈部，插入毛细管，使乙二醇的液面进入毛细管 5cm 左右即可，磨口接头处用橡皮筋固定。注意：瓶内不能留有气泡，如有气泡必须重装。

3. 将装好的膨胀计浸入水浴，控制升温速率为 5℃/min。

4. 读取水浴温度和毛细管内乙二醇液面高度，每升高 5℃，读取一次；在 55～80℃ 每升高 2℃ 读取一次，直到 90℃。

5. 膨胀计冷却后，改变升温速率为 2℃/min 重复操作一次。

五、 实验数据记录与数据处理

根据所记录的读数，以毛细管内液面高度为纵坐标、以温度为横坐标作体积-温度曲线图，从曲线的外延线交点求玻璃化转变温度。

六、 思考题

1. 选择介质需要符合哪些条件？
2. 影响玻璃化转变温度 T_g 值的因素有哪些？

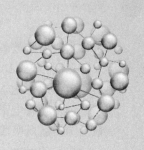

实验九

聚苯乙烯微球的结构表征——扫描电子显微镜

扫描电子显微镜是利用扫描电子束从固体表面得到的反射电子图像，在阴极摄像管的荧光屏上成像的分析仪器，是直接观察物质微观形貌的重要手段。它不仅能观察材料表面、断口和颗粒形貌，还可以研究高分子多相体系的微观结构、聚合物微球的孔径及微孔分布等，已成为一种必备的形貌结构研究手段。

一、 实验目的

1. 了解扫描电子显微镜的工作原理和基本结构。
2. 掌握扫描电子显微镜的操作及样品的制备方法。

二、 实验原理

1. 电子束和样品的相互作用

一束电子束射到试样上，电子与样品中原子发生碰撞产生背散射电子、二次电子、吸收电子、透射电子、特征 X 射线、俄歇电子、阴极荧光，如图 1-10 所示。

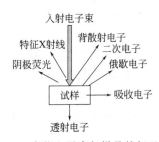

图 1-10 高能电子束与样品的相互作用

（1）背散射电子：入射电子中与试样表层原子碰撞发生弹性和非弹性散射后从试样表面反射回来的那部分一次电子统称为背散射电子。它们的能量高于 $50eV$，反射回来的背散射电子方向是不规则的，它们的数量与入射角和样品的平均原子序数有关。背散射电子的发射深度为 $10nm \sim 1\mu m$。

（2）二次电子：进入样品表面的部分入射电子能使样品原子发射单电子激发，并将其轰击出来。那些被轰击出来的电子称为二次电子。二次电子的能量较低,大部分在 $2\sim3eV$,发射深度为 $5\sim10nm$。因此二次电子没有足够的能量逸出表面,其强度主要与试样表面的形貌及物理、化学性质有关。

(3) 吸收电子:随着入射电子在试样中发生非弹性散射次数的增多,其能量不断下降,最后为样品所吸收。

(4) 透射电子:当试样厚度小于入射电子穿透的深度时,便会有电子穿透试样。透射电子像能够反映试样不同部分的组成、厚度和晶体取向等信息。

(5) 特征 X 射线:如果入射电子将试样原子中内层电子激发后,其外层电子就会补充到这些剩下的空位上去,多余的能量以 X 射线形式释放出来。每种原子的核外电子轨道能级是特定的,因此 X 射线可用于元素分析。

(6) 俄歇电子:如果入射电子把样品原子的外层电子打进内层,释放的能量电离出次外层电子,叫俄歇电子。主要用于轻元素和超轻元素的分析。

(7) 阴极荧光:如果入射电子使试样的原子内电子发生电离,高能级的电子向低能级跃迁,发出的光波称为阴极荧光。

通过检测以上效应,就可以获得样品的表面形貌、组成和结构的丰富信息。

2. 扫描电镜基本原理

常用扫描电镜的主机结构如图 1-11 所示。

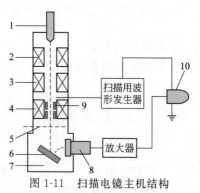

图 1-11　扫描电镜主机结构

1—电子枪;2—第一聚光镜;3—第二聚光镜;4—物镜;5—物镜光栅;6—试样;
7—试样室;8—检测器;9—扫描线圈;10—阴极射线管

电子枪射出的电子束经第一、第二聚光镜汇聚,再经过物镜聚成一束直径小于 10nm 的电子束(又称一次电子或电子探针)。电子探针通过扫描线圈的控制,在试样表面的微小区域扫描,引起一系列的二次电子和背散射电子发射。这些背散射电子和二次电子被探测器接收,经过放大器放大输入显像管,显示系统把已放大的检测信号显示成相应的图像。

3. 扫描电镜的一般制样方法

电镜样品必须满足:样品为固体且不含水分等易挥发物质,必须清洁无尘,具有较好的抗电子束强度。

扫描电镜制样较简单,通常直接将样品用双面胶贴在铝样品座上即可。为防止电镜观察时试样表面积累电荷,通常在表面上镀金属膜,以减少电荷积累。

三、 实验仪器与样品

实验仪器：KYKY-2800B 型扫描电子显微镜，KYKY SBC-2 多功能表面处理机。
实验样品：聚苯乙烯微球。

四、 实验步骤

1. 样品的制备。用离子溅射镀金膜法对聚苯乙烯微球表面镀导电层，烘干。将烘干后的聚苯乙烯微球用导电胶固定在样品座上。样品固定：取一块 5mm×5mm 的胶水纸，胶面朝上，再剪两条细的胶水纸把它固定在样品座上。取样品少许均匀地撒在胶水纸上。在胶水纸周围涂以少许导电胶，待导电胶干燥后，将样品座放在离子溅射仪中进行表面镀金，表面镀金的样品即可置于电镜内进行观察。

2. 打开水源，接通电源，开启扫描电镜控制开关。待计算机启动后双击 KYKY-2800B 图标，启动 SEM 控制程序。单击鼠标右键出现程序控制画面（标题为主控制台）。单击"活动区域"，出现选区框，调整框的大小约 10cm×10cm。

3. 放置样品

① 检查电子枪灯丝电流是否降到零，检查 V1（镜筒阀门）是否关严。

② 按亮样品室进气按钮，样品室盖自动打开，慢慢拉出样品架，将要观察的样品台插入样品台支座，用专用螺丝刀拧紧样品台固定螺丝。然后将样品架推入，封闭样品室。

③ 按灭样品室进气按钮，真空指示灯灭，真空指示屏亮线指示到最右边时，系统真空达到要求。

4. 观察样品

① 按控制柜前面板的对比度按钮，调节聚焦手动旋钮（manual adjustment），使对比度值在 160 左右。

② 按控制柜前面板的亮度按钮，调节聚焦手动旋钮，使亮度在 −15 左右。

③ 按加速电压按钮（acceleration potential），使电压达到 25kV，然后慢慢旋动灯丝电流旋钮，按控制柜前面板的亮度按钮，调节聚焦手动旋钮，使灯丝电流达到饱和。

④ 在活动选区看到图像后，改变放大倍数，调焦使图像达到最清晰。当达到所要求放大倍数，通过调节样品室盖子上的位移旋动钮（X、Y、Z 及旋转），移动样品，找到所要观察的特征部位。按上述方法调整聚焦。

⑤ 调节好聚焦后，单击计算机屏幕上的"主控制台"的常规扫描，屏幕出现整个图像，若图像符合要求，单击"主控制台"的模拟键，开始记录图像，同时屏幕左边会出现一个表示照片扫描进度的蓝色粗线条，当蓝色线条一直伸长时，图像即采集完毕。

⑥ 单击"主控制台"的主窗口键，出现控制程序主窗口，单击"主控制台"的快照键，在控制程序主窗口出现图像，单击控制程序主窗口文件下拉菜单，找到保存或另存为菜单，将图像存到选定的文件夹即可。

⑦ 按照进样相反顺序取出样品。

5. 按仪器操作规定关机。

五、 实验数据记录与数据处理

用 KYKY-2800B 软件处理、观察图像。

六、 思考题

1. 电子束与样品发生相互作用，扫描电镜可以利用哪些电子成像？
2. 分析扫描电镜所得到的聚苯乙烯微球样品形态图。

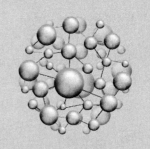

聚甲基丙烯酸甲酯的合成及其性能表征

聚甲基丙烯酸甲酯，英文名为 polymethyl methacrylate，缩写为 PMMA，是由甲基丙烯酸甲酯通过聚合反应制备的高分子化合物，俗称有机玻璃，于 1930 年开始工业化生产。聚甲基丙烯酸甲酯的分子结构式为：

$$\text{---}[\text{CH}_2\text{---}\underset{\underset{\text{OCH}_3}{\overset{\displaystyle \underset{\|}{\text{C}=\text{O}}}{|}}{\overset{\overset{\displaystyle \text{CH}_3}{|}}{\text{C}}}]_n\text{---}$$

PMMA 为无定形固体，其相对密度为 1.17～1.19。由于分子链结构中庞大侧基的存在，其玻璃化转变温度高达 104℃左右，流动温度约为 160℃，热分解温度约为 270℃，有较宽的加工温度范围。

PMMA 为刚性无色透明材料，具有十分优异的光学性能，透光率可达 90％～92％，折射率为 1.49，并可透过大部分紫外线和红外线。同时 PMMA 具有较高的力学性能，在常温下具有优良的拉伸强度、弯曲强度和压缩强度；但其冲击强度、表面硬度、耐磨性和抗银纹的能力较差；具有良好的介电性能和电绝缘性能，可用作高频绝缘材料；具有很好的耐候性，试样经过 4 年的自然老化试验，性能下降也很小，可长期在户外使用，并且对臭氧和二氧化硫等气体具有良好的抵抗能力。PMMA 的成型收缩率低，机械加工性能好，有利于生产各种尺寸要求及精度较高的制品，其加工成型的方法可采用注塑、挤出、浇注和热成型等方法。

基于 PMMA 的以上性能特点，可用于制作成管形材、棒形材、板形材等多种形状和有强度要求的透明结构件，广泛应用于车灯、仪表零件、光学镜片、广告灯箱、铭牌、油杯、装饰礼品及航空部件等制品的制作。此外，其电性能良好，是很好的高频绝缘材料。并且其制品表面光滑，在一定的弯曲限度内，光线可在其内部传导而不逸出，故外科手术中利用它把光线输送到口腔喉作照明。

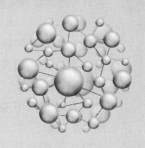

实验一

甲基丙烯酸甲酯本体聚合制备有机玻璃板

聚甲基丙烯酸甲酯可以通过悬浮聚合、本体聚合、溶液聚合和乳液聚合等方法制备。悬浮聚合适于制备模塑用的颗粒料或粉状料，本体聚合适于制备板材、棒材和管材等型材，溶液聚合和乳液聚合分别适于制备黏合剂及涂料。不同生产方法所得产品形态与应用领域也不同。

由于没有其他介质，本体聚合具备一些其他聚合方法不具备的优点：生产过程比较简单，聚合产物的纯度高，透明性和电性能好，聚合物不需要后处理，可直接聚合成各种规格的板、棒、管制品。

本体聚合法产品纯净、能耗低、后处理简单，并且聚甲基丙烯酸甲酯能溶于自身单体中，因此本体聚合方法广泛应用于制备有机玻璃制品。

本实验采用本体聚合方法制备有机玻璃板。

一、 实验目的

1. 加深了解本体聚合原理和特点。
2. 掌握分段制备有机玻璃的制备方法。

二、 实验原理

本体聚合是指不加其他任何介质，单体本身在少量引发剂或光、热等条件下引发进行的聚合。甲基丙烯酸甲酯单体含不饱和双键、结构不对称，易发生聚合反应，聚合热为 56.5kJ/mol。在本体聚合过程中，当转换率达 $10\% \sim 20\%$ 时，体系黏度大大增加，这时大分子活性链移动困难，致使其相互碰撞而产生的链终止反应速率下降，但是单体分子的扩散不受影响，因此链引发、链增长的速率不变，总的结果是聚合总速率增加，出现自动加速现象（或称凝胶化效应）。轻则造成体系温度不均，使聚合物分子量上升，分子量分布变宽；重则产品出现气泡，外观变黄，从而影响产品的机械强度；甚至出现温度失控，引起爆聚。因此，本体聚合过程中系统的散热是整个聚合过程控制的关键。

聚甲基丙烯酸甲酯本体聚合制备有机玻璃通常采用分段聚合，常称为预聚合和后聚合：预聚合阶段保持较低转化率，这一阶段体系黏度较低，散热尚无困难，可在较大的反应器中进行；后聚合阶段转化率和黏度较大，可采用薄层聚合或在特殊设计的反应器内聚合。分段聚合可以在灌模前扩散掉较多的聚合热，并且可以减少单体转化为聚合物时的体积收缩，利于保证产品质量。

本实验以甲基丙烯酸甲酯在过氧化苯甲酰（BPO）引发剂存在下进行本体聚合，反应如图 2-1 所示。

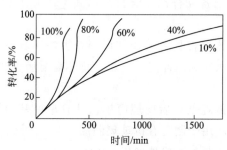

图 2-1　甲基丙烯酸甲酯在 BPO 引发下聚合

图 2-2 是不同浓度甲基丙烯酸甲酯转化率-时间曲线，甲基丙烯酸甲酯的本体聚合自动加速效应明显，因此在聚合中期将体系温度降至 40～50℃缓慢聚合，但后聚合阶段由于单体和引发剂浓度的大幅降低，需要将温度提高到 100℃以上。

图 2-2　甲基丙烯酸甲酯转化率-时间曲线
（曲线上数字为单体浓度）

三、 实验仪器与样品

实验仪器：恒温水浴一套，三口烧瓶，搅拌器，40mm×70mm 玻璃片。
实验样品：甲基丙烯酸甲酯，过氧化二苯甲酰（BPO）。

四、 实验步骤

1. 平板磨具的制备

取三块 40mm×70mm 玻璃片，预先洗涤，烘干备用。将三块玻璃片重叠、并将中间一块抽出约 30mm，其余三断面用涤纶绝缘带牢牢地密封。将中间玻璃抽出，作灌浆用。

2. 预聚物的制备

准确称取 0.5mg BPO 加入 100mL 三口烧瓶中，然后加入 50mL 甲基丙烯酸甲酯单体，逐渐升温搅拌，溶解后放入 90℃±0.1℃恒温水浴槽，每隔一定时间观察体系黏度变化情况并摇晃试管使体系温度均匀，当聚合管中 MMA 黏度稍大于 10％甘油黏度时，冷却至 50℃，停止聚合反应。

3. 灌注聚合和后处理

将上述预聚物，灌入预先准备好的模具中，垂直放置 10min 赶出气泡，然后将模口包装密封，置于 50℃烘箱中继续进行聚合，约需 20h，而后升温 100℃并保温 1h 取出模具。

4. 脱模

模具由烘箱取出后，在空气中冷却至 60～70℃，然后用冷水冷却，脱模，即得光滑无色透明的有机玻璃板。

五、 思考题

1. 本体聚合方法有什么特点？

2. 制备有机玻璃时，为什么需要首先制成具有一定黏度的预聚物？

3. 凝胶效应进行完毕后，提高反应温度的目的何在？

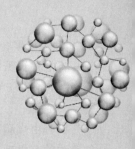

实验二

PMMA 温度-形变曲线的测定

聚甲基丙烯酸甲酯的最高允许使用温度及其在受热条件下的力学性能，主要取决于其在受热和外力作用下开始出现明显变形（软化）的温度以及最大形变值。PMMA 在不同的温度和外力作用下表现出的形变情况，可以通过测量其温度-形变曲线得到。通过测定聚合物温度-形变曲线（或称热机械曲线），可以了解力学性质与温度的关系，求得高分子材料的特征温度如玻璃化转变温度、黏流温度、熔点和分解温度等参数，这些参数对于评价被测试样的使用性能、确定适用温度范围和选择加工条件有实用意义。

本实验通过测定 PMMA 的温度-形变曲线，确定其热机械性能。

一、 实验目的

1. 掌握测定高聚物热机械曲线的方法。
2. 验证 PMMA 的三种力学状态。
3. 在不同压力和升温速率条件下，测定 PMMA 的玻璃化转变温度（T_g）和黏流温度（T_f）。

二、 实验原理

由于聚合物运动单元的多重性，以及它们的运动对温度和外部压力的依赖性，聚合物可以呈现完全不同的力学特征。高聚物有三种不同的力学状态：玻璃态、高弹态和黏流态。在温度足够低时，链段和整个分子链只能在平衡位置上振动，不能平移和转动，外力的作用只能引起高分子键长和键角的改变，此时聚合物处于玻璃态。当温度升高时，分子热运动能量逐渐增加，在达到某一温度后，分子内链段开始运动，链段运动参与到形变机制中，聚合物可以发生很大的形变，这时，聚合物处于高弹态。温度继续升高，聚合物整个分子链都能够发生移动，这时聚合物逐渐变成可以流动的黏稠液体，称为黏流态。在高聚物上施加一定压力，并使高聚物以一定的升温速率受热，测定各温度下的相对形变，以形变对温度作图即可得温度-形变曲线，或称热机械曲线，如图 2-3 所示。由玻璃态转变为高弹态的温度称为玻璃化转变温度（T_g），即第一转折点处；由高弹态转变为黏流态的温度，称为黏流温度（T_f）。

实验证明，这些聚集态的转变不是一个骤变过程，而是在一定的温度范围内完成的，

T_g 和 T_f 都没有固定的数值，它们往往随测定的方法和测定的条件而改变。

本实验使用 GTS-Ⅱ温度形变仪在等速升温的条件下，测定 PMMA 的热机械曲线。

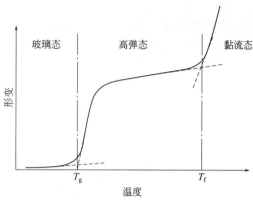

图 2-3　温度-形变曲线

三、　实验仪器

实验仪器：GTS-Ⅱ型温度形变仪，有机玻璃板，砂纸。

四、　实验步骤

1. 剪裁 PMMA 成稍小于样品池的形状。打开炉体，将剪裁好的样品放入到样品池中，将压杆平稳压在样品上，关闭炉体。将位移传感器轻轻放置到压杆上。

2. 双击桌面"GTS3.0"图标，打开软件。

3. 单击菜单项下的"开始实验"，或"开始实验"图标，弹出"开始本次实验"框，然后在此框的相应栏中录入室温、压缩应力等参数，等速升温速率设为 3℃/min。

4. 上述参数输入完毕以后，单击"开始实验"按钮，采集数据。

5. 数据采集完毕，单击菜单项下的"结束实验"，或"结束实验"按钮。

6. 实验结束后，导出数据：单击菜单项下的"导入和导出"按钮，弹出"实验数据的导入和导出"框，选择保存的目录位置，将数据导出至 Excel 文件中。

7. 改变升温速率为 10℃/min，压力不变，重复步骤 1～6。

8. 增加压力，升温速率为 10℃/min，重复步骤 1～6。

五、　实验数据记录与数据处理

1. 用导出 Excel 文件中数据作图，以形变对温度（T）作图，用外延线法找到有机玻璃的 T_g 和 T_f。

2. 加压负荷：_____；升温速率：_____；T_g：_____；T_f_____。

3. 加压负荷：_____；升温速率：_____；T_g：_____；T_f_____。

4. 加压负荷：_____；升温速率：_____；T_g：_____；T_f_____。

六、 思考题

1. 应力的大小和升温速度的快慢对 T_g 和 T_f 有何影响？
2. 线型非晶聚合物的三种力学状态是什么？

实验三

PMMA 蠕变曲线的测定

随着有机玻璃的广泛应用，在一定的温度和外力作用下，其尺寸随时间的变化情况即黏弹性力学行为受到广泛关注。

我们知道，理想的弹性固体服从虎克定律，而理性的黏性液体服从牛顿黏性定律。当然这是两种理想的情况，实际上聚合物材料的行为往往偏离这两个定律，而是组合了理想的弹性固体和理性的黏性液体两者的特征，这种行为称为黏弹性，因此常将聚合物材料称为黏弹性材料。

聚合物材料的力学行为强烈地依赖于温度和外力作用时间，在一定的温度和较小的恒定外力条件下，材料应变随时间延长而逐渐发展，最终达到平衡，这种现象称为蠕变。如果在一定时间后，去除应力，形变随时间的变化叫蠕变回复。聚合物的蠕变与理想的弹性体和理想流体变形不同，理想弹性体和理想流体的形变和应力瞬时达到平衡值，而蠕变是时间的函数。由于蠕变，材料在某瞬时的应力状态，一般不仅与该瞬时的变形有关，而且与该瞬时以前的变形过程有关，所以蠕变在工程中有重要应用意义。

一、 实验目的

1. 熟悉高分子材料蠕变的概念。
2. 掌握 PMMA 蠕变性能测试方法。

二、 实验原理

对于线型聚合物，总的形变由三部分组成：

$$\varepsilon(t) = \varepsilon_1 + \varepsilon_2 + \varepsilon_3 \tag{1}$$

以蠕变过程中的形变 $\varepsilon(t)$ 对时间 t 作图，所得曲线称为蠕变曲线，如图 2-4 所示。图 2-4 中是聚合物典型的蠕变曲线及回复曲线，t_1、t_2 分别为加载和卸载外力的时间。

从图 2-4 中看到，在 t_1 时刻加上外力后，瞬间产生应变 ε_1，就像虎克弹性体一样，应力-应变关系服从虎克定律，因此称为（瞬时）普弹形变。它对应着高分子链内部键角和键长的变化，这种形变量通常较小。

$$\varepsilon_1 = J_0\sigma \tag{2}$$

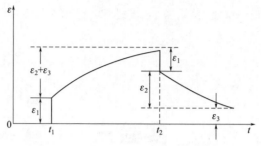

图 2-4　高分子材料的蠕变曲线

式中，σ 为应力；J_0 为普弹性变柔量。随着时间逐渐延长，分子链段开始运动逐渐伸展使得高分子材料发生形变 ε_2，称为高弹形变，因为这部分应变与应力成正比，又与时间有关，所以还称为推迟弹性形变。

$$\varepsilon_2 = J\varphi(t)\sigma \qquad (3)$$

式中，J 为高弹柔量；$\varphi(t)$ 是弹性松弛函数。如果材料没有化学交联，分子间发生相对滑动，产生不可逆的黏性形变 ε_3，使形变永远不能达到平衡。但是，时间足够长后，可达到稳流态。

$$\varepsilon_3 = \sigma\frac{t}{\eta} \qquad (4)$$

在蠕变曲线上，当黏性流动到达"稳流态"时，从曲线的斜率可求得本体黏度；或者，当去除负荷后，因为黏性流动不可逆，也可从回复曲线求得 η。

聚合物蠕变行为大小与黏度有关，黏度越大，蠕变速度越低，而黏度依赖于分子量，所以蠕变速度也依赖于分子量。聚合物的蠕变与实验温度有关，温度低于玻璃化转变温度，分子之间的内摩擦力较大，链段运动的松弛时间较长，主要发生普弹形变；在高于玻璃化转变温度时，主要发生普弹形变和高弹形变；当温度高于材料的黏流温度时，三种形变都较显著。

聚合物蠕变性能反映了材料尺寸的稳定性。例如，精密的机械零件就不能采用易蠕变的材料。对于作为纤维使用的聚合物，同样必须具有常温下的抗蠕变性，否则就不能保证纤维织物的形态稳定性，橡胶制品要经过硫化交联，就是借助于分子间交联阻止分子链的运动，避免不可逆形变，以保证制品有良好的高弹性能。

三、实验仪器与样品

实验仪器：RWS 系列电子蠕变松弛试验机（图 2-5）。

实验样品：PMMA 薄板。用切刀将 PMMA 板裁成厚度约 1mm，宽约 4mm，长约 30mm 的样条。

四、实验步骤

1. 打开电脑主机→试验机→控制箱→温控箱电源。
2. 安装样品：用上夹具夹住样品一端，然后将上夹具连同样品放入温控箱；安装定距

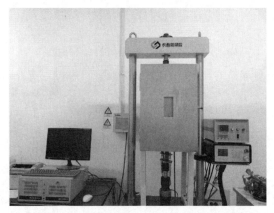

图 2-5　RWS 系列电子蠕变松弛试验机

块并安装下夹具，确认上下夹具安装正确；卸去定距块，安装测距光栅。调节下连杆位置，合适后装入销钉；关闭温控箱。

3. 参数设置：打开 WPS5.0 软件，单击联机，待联机成功后，进入试验控制界面进行参数设定，设定文件名及保存路径→选择样条型号并写入宽度和厚度→给定试验的应力或位移→给定预加载条件及试验温度→给定试验总时间→设置加载段数及停止条件→参数确认并保存→退出并返回→双击试验序号进入试验界面→消除 RSW 缓存→开始试验，启动升温。

4. 试验完成后，数据自动保存。打开下夹具卸去应力，除去销钉保护传感器。

5. 设备冷却至室温后，卸去样条及夹具，分别放入盒子中保存。

6. 关闭计算机、控制箱，关闭所有电源。

注意事项：

① 使用仪器前务必仔细阅读使用说明书。

② 试验完成后要除去销钉，整个试验过程要注意对传感器和测距光栅的保护。

③ 高温试验要用石棉封住温控箱的上下通口。

④ 严禁随意改动任何控制器内部重要参数。

五、　实验数据记录与数据处理

打印谱图，分析在图谱上各部分变化对应的分子链运动机理。

六、　思考题

1. 什么叫蠕变现象？研究聚合物的蠕变有什么实际意义？

2. 讨论线型非晶态聚合物、交联聚合物、晶态聚合物的蠕变行为有何不同？

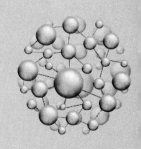

实验四

PMMA 维卡软化点的测定

聚合物材料的耐热性能通常是指它在温度升高时保持其力学性能的能力。在较低温度时，聚合物材料处于玻璃态，对材料施加外力只产生较小的变形，除去外力，材料恢复原状；温度升高到某一温度，聚合物材料处于高弹态，给材料施加同样的外力可以产生很大的变形；继续升温，聚合物成为可以流动的黏流态。聚合物材料的耐热温度是指在一定外力作用下它到达某一规定形变值时的温度，对于确定材料的使用温度范围和加工条件有重要意义。

维卡软化点和热变形温度是工业部门常用的测定聚合物材料耐热性能的方法，本实验测定 PMMA 的维卡软化点。

一、 实验目的

1. 熟悉热塑性塑料维卡软化点的测试原理。
2. 掌握 PMMA 维卡软化点的测定方法。

二、 实验原理

维卡软化点测试方法是塑料试样在液体传热介质中，在一定的负荷、一定的升温速度下，被 1mm² 的压针压入 1mm 深度时的温度。这种方法适用于大多数的热塑性塑料。维卡软化点用维卡软化仪测试，本实验用 RTM-30 维卡软化点测定仪测定 PMMA 维卡软化点，该仪器由支架、保温浴槽、砝码和测温装置等几部分组成。

支架：用于放置试样，并可方便地浸于保温浴槽中。支架和负荷杆的热膨胀系数要小，负荷杆能自由垂直移动，压针固定于负荷杆末端，压针头应经硬化处理，其长为 3mm，横截面为 (1.000±0.15)mm²。

保温浴槽：供存放液体传热介质并安装了搅拌器和加热器。加热器等速升温速率为 (5±0.5)~(12±0.5)℃/6min。选择硅油、变压器油、液体石蜡等对试样无影响、常温黏度较低的液体作传热介质。

砝码：试样承受的静负荷总质量 M 为 (1000±50)~(5000±50)g。M 由砝码质量、压针及负荷杆质量和变形测量装置附加质量三部分总和组成。

测温装置：分度值应为 0.1℃，变形测量装置为精度 0.01mm 的传感器或百分表。
冷却装置：供迅速冷却传热介质用。

三、实验仪器与样品

实验仪器：RTM-30 维卡软化点测定仪（图 2-6）。

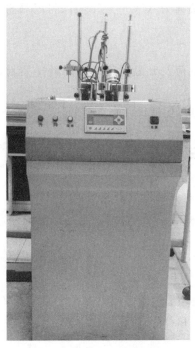

图 2-6　RTM-30 维卡软化点测定仪

实验样品：10mm×10mm×（3～6.5）mm 有机玻璃，模塑试样厚度为 3～4mm，板材试样取原厚度，原厚度超过 6.5mm 可单面加工至 3～4mm，原厚度不足 3mm 时，由 2～3 块叠合至规定厚度。每组试样 2 个，表面应平整光滑，无气泡、凹痕、飞边等缺陷，上下表面应平行。

四、实验步骤

1. 打开电源，打开搅拌开关开始搅拌，按"升"按钮将支架升起，检查仪器内油位后将试样放入支架，其中心位置约在压针头之下，经机械加工的试样，加工面应紧贴支座底座。

2. 按"降"将支架浸入浴槽内，试样应在液面 35mm 以下，起始温度稳定在 20～23℃。如果经测定其他起始温度不会引起测定误差，可以适当改变起始温度。再加砝码使试样承受负荷（1000±50）g。

3. 搅拌 5min 后，按液晶面板的向下开关，选择实验设置进入设置目录，按照指示选择对应的样品支架，设置各参数并设定目标温度，升温速率设为 120℃/h，归零变形测量传感器，完成实验设置步骤。

4. 回到主目录选择开始实验进入实验步骤，按照指示按 F1 开始实验，并观察温度上升情况，设备则自动按 120℃/h 升温速率加热。

5. 当支架对应试样被压针头压入 1mm 时，设备自动显示对应支架的测定温度，当所选支架上的样品均被压入 1mm 时，仪器自动停止。此时记录温度并计算样品的维卡软化点。

6. 按照上述步骤 1～5，更换升温速率为 50℃/h，再次测定维卡软化点，对比不同升温速率下的维卡软化点。

7. 按照步骤 1～5，更换负荷为（5000±50)g，测定对比 PMMA 在不同负荷下的维卡软化点。

注意事项：

① 应注明实验所采用的负荷及升温速度。若同组样品测定温差大于 2℃时，必须重做实验。

② 在实验设置及实验阶段需保证每一个选择的按键变黑，以确定选中。

五、 实验数据记录与数据处理

实验初始温度：_____；   温度上升速率：_____；

样品的总负荷：_____；   维卡软化点：_____。

六、 思考题

1. 维卡软化点是材料的使用温度上限吗？有什么实际意义？

2. 维卡软化点与升温速率和负荷有何关系？

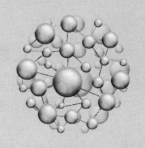

实验五

PMMA 热变形温度的测定

热变形温度（heat deflection temperature，HDT）是除维卡软化点外评定高分子材料耐热性能的另一个重要指标。热变形温度和维卡软化点的测试方法具有很明显的区别，维卡软化点是采用一个针状探头刺入样条一定深度的环境温度，热变形温度是样条弯曲一定尺寸对应的环境温度。现在世界各国的大部分塑料产品的标准中，都有热变形温度这一产品质量控制指标。

塑料热变形温度测定的是在规定的载荷大小、施力方式、升温速度下到达规定的变形值的温度。本实验测定 PMMA 的热变形温度。

一、实验目的

1. 掌握塑料热变形温度的测试原理和测试方法。
2. 测定 PMMA 的热变形温度。

二、实验原理

热变形温度是衡量塑料耐热性的主要指标之一，其测试原理是对高分子材料施加一定的负荷，以一定的速度升温，当试样达到规定形变时所对应的环境温度。热变形温度是高分子材料产品质量控制的重要指标，但它不是材料的最高使用温度，最高使用温度根据制品的使用环境来确定。

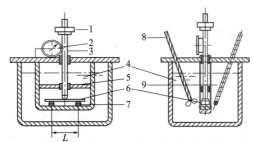

图 2-7　热变形温度实验装置

1—负荷（砝码）；2—千分表；3—加荷杆；4—硅油；5—试样固定架；
6—试样；7—支座；8—搅拌器；9—温度计

（一）仪器

热变形温度实验装置由一个刚性金属框架构成，基本结构如图 2-7 所示。框架内有一可在竖直方向自由移动的加荷杆，杆上装有砝码承载盘和加荷压头，框架底板同试样支座相连。

试样支座由两个金属条构成，其与试样的接触面为圆柱面，与试样的两条接触线位于同一水平面上。支座接触头和加荷压头圆角半径为（3±0.2）mm，其边缘线长度大于试样宽度。

加热装置能够以（120±10）℃/h 的均匀速率升温。测温仪器的温度敏感元件，距试样中心（2±0.5）mm 以内。

（二）测试原理

试样采取平放方式，施加到试样上的负荷为：

$$F = \frac{2\sigma_f bh^2}{3L} \tag{1}$$

式中 F——负荷，N；

σ_f——试样表面承受的弯曲应力，MPa；

b——试样宽度，mm；

h——试样厚度，mm；

L——试样与支座接触线间距离（跨度），mm。

测量 b 和 h 时，应精确到 0.1mm；测量 L 时，应精确到 0.5mm。试样表面承受的弯曲应力 σ_f 可分别为：1.80MPa（A 法）、0.45MPa（B 法）、8.00MPa（C 法），本实验选取 A 法测 PMMA 的负荷热变形温度。

施加试验力 F 时，应考虑加荷杆质量 m_r 的影响，需把它作为试验力的一部分，同时需考虑施荷仪器施加力 F_s。将砝码放在加荷杆上，式（1）总力为：

$$F = 9.81(m_r + m_w) + F_s \tag{2}$$

式中 m_r——施加试验力的加荷杆质量，kg；

m_w——附加砝码的质量，kg；

F——施加到试样上的总力，N；

F_s——所用仪器施荷弹簧产生的力，N，该力对着试样向下压，为正；方向相反，为负。如果没有该作用，则该力为零。

三、 实验仪器与样品

实验仪器：RTM-30 热变形（维卡软化点）测定仪。

实验样品：

1. 板材试样 $l=120$mm，$h=10$mm，$b=3\sim13$mm，每组两个试样。

2. 试样应无扭曲，其相邻表面应互相垂直。所有表面和棱边均应无划痕、麻点、凹痕和飞边等。

3. 应确保试样所有切削面都尽可能平滑，并确保任何不可避免的机加工痕迹都顺着长轴方向。

　　为使试样符合这些要求，应把其紧贴在直尺、三角尺或平板上，用目视观测或用测微卡尺对试样进行测量检查。如果测量或观察到试样存在上述缺陷，则应弃之不用或在试验前将其机加工到适宜的尺寸和形状。

四、实验步骤

　　1. 测量试样尺寸，计算砝码重量。

　　2. 升起试样台，测量并记录支座间的跨度值（精确到 0.5mm）。将试样对称的安装在支座上，使试样长轴垂直于支座。再放下加荷杆，使加荷压头施加到试样上的垂直力位于两支座的中央。支座接触线与加荷接触线平行，并与对称放置在支座上的试样长轴方向成直角。

　　3. 将试样台下降回硅油槽内，试样位于液面下 35 mm 以下，但不能接触油浴槽底，放好按试样尺寸计算的砝码质量，将变形传感器固定在砝码中心。

　　4. 开动搅拌器搅拌，5min 后，按液晶面板的向下开关，选择实验设置进入设置目录，按照指示选择对应的样品支架，设置各参数并设定目标温度，升温速率设为 120℃/h，归零变形测量传感器，完成实验设置步骤。

　　5. 回到主目录选择开始实验进入实验步骤，按照指示按 F1 开始实验，并观察温度上升情况，设备则自动按 120℃/h 升温速率加热。（如果前面的实验已经表明，在较高温度下开始实验不会引起误差，可以提高开始温度，但应低于热变形温度 50℃。）

　　6. 当变形量达到与试样厚度对应的标准变形时（表 2-1），记录此时的温度，该温度即热变形温度。

表 2-1　试样厚度与标准变形的关系　　　　　单位：mm

试样厚度	标准变形	试样厚度	标准变形
9.8~9.9	0.33	12.4~12.7	0.26
10.0~10.3	0.32	12.8~13.2	0.25
10.4~10.6	0.31	13.3~13.7	0.24
10.7~10.9	0.30	13.8~14.1	0.23
11.0~11.4	0.29	14.2~14.6	0.22
11.5~11.9	0.28	14.7~15.0	0.21
12.0~12.3	0.27		

　　7. 将位移传感器升高，取下砝码，升起试样台，取下试样。
　　8. 关闭电源，清理仪器。

五、实验数据记录与数据处理

　　1. 实验数据

　　试样的热变形温度以两个试样的算术平均值表示。如果同组试样测定结果之差大于 2℃时，则实验无效，必须重做。

所用试样尺寸_____ mm；试样的放置方式（平放或侧立）_____；

所用的弯曲应力_____ MPa；所用的跨度_____；传热介质_____；

起始温度_____℃；负荷变形温度_____℃。

2. 观察在实验过程中或从仪器中卸下试样后有无任何异常情况。

六、 思考题

1. 热变形温度与维卡软化点有何区别？

2. 影响热变形温度的因素有哪些？

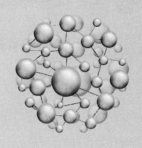

实验六

PMMA 硬度测定

材料硬度是表示材料抵抗其他较硬物体的压入的性能，是材料软硬程度的有条件性的定量反映。通过硬度测定还可以间接了解到其他一些力学性能，如磨耗、拉伸强度等。硬度测定操作简单、迅速、不损坏试样，甚至可以在施工现场进行，所以硬度可以作为质量检验和工艺指标而获得广泛应用。本实验测定 PMMA 的洛氏硬度。

一、 实验目的

1. 了解洛氏硬度的测试原理。
2. 学会操作洛氏硬度计，并测定 PMMA 的洛氏硬度。

二、 实验原理

塑料硬度试验方法有些是从金属硬度测试方法发展而来的，如布氏硬度和洛氏硬度；有些则是塑料或复合材料独有的测试方法，如巴氏硬度和邵氏硬度等。布氏硬度和洛氏硬度的试验方法都是将具有一定直径的钢球，在一定载荷作用下压入材料表面，用显微读数读出试样表面压痕直径或深度，即可计算材料的硬度值。

洛氏硬度是用规定的压头，先施加初始试验力，再施加主试验力，然后返回到初始试验力，根据前后两次试验力作用下的压入深度差即可计算洛氏硬度值。洛氏硬度计主要由机架、压头、加力机构、硬度指示器和计时装置组成。

如图 2-8 所示，0−0 为压头还没有和试样接触的位置。1−1 是压头在初试验力作用下所处的位置，压入试样的深度为 h_1。2−2 是压头在总试验力（初试力＋主试验力）作用下所处的位置，压入试样深度为 h_2。3−3 是卸除主试验力后，压头所处的位置，此时压入试样深度为 h_3。故由于主试验力所引起的塑性变形而使压头压入深度为 $h=h_3-h_1$。按硬度值分度的读盘式硬度计，可按式（1）计算：

$$HR=130-\frac{h}{0.002} \tag{1}$$

HR 表示洛氏硬度值，由刻度盘直接读取。洛氏硬度值用前缀字母＋标尺＋数字表示，例如 HRR70 则表示 R 标尺测定的洛氏硬度值为 70。试验结果取 5 个点测定值的算术平均值表示，取三位有效数字。

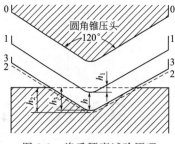

图 2-8　洛氏硬度试验原理

标准试样尺寸的长不小于 50mm，宽不小于 50mm，厚度为 6mm。试样应厚度均匀、表面光滑、平整、无气泡、无机械损伤及杂质等。试样大小应保证能在试样的同一平面上进行 5 个点的测量。每个测试点的中心到试样边缘距离均不得小于 10mm。

各种洛氏硬度标尺的初始试验力、主试验力及压头直径如表 2-2 所示。

表 2-2　各种洛氏硬度标尺的初始试验力、主试验力及压头直径

标尺	球压头直径/mm	初始实验力/N	总实验力/N	应用范围
HRE	3.175	98.07	980.7	硬塑料、金属、抗摩擦材料等
HRL	6.35		588.4	
HRM	6.35		980.7	
HRR	12.7		588.4	

根据聚合物材料的软硬程度选择合适的标尺，尽可能使洛氏硬度值处于 50～115。如果一种材料可以用两种标尺进行试验时，所得值均处于有效范围内，则选用较小值的标尺。相同材料应选用同一标尺。

三、 实验仪器与样品

实验仪器：洛氏硬度计 HR-150A（图 2-9）。

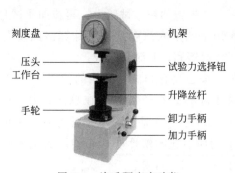

图 2-9　洛氏硬度实验仪

实验样品：PMMA 板（50mm×50mm×6mm）。

对仪器和试样的要求：

① 试样的厚度应大于 6mm，或 10 倍压痕的深度，如果不足可以叠加，但是结果不能同比；被测表面应平整光洁，不得带有污物、氧化皮、裂缝及显著的加工痕迹，支撑面应保持清洁。

② 根据试样的形状及尺寸来选择合适的工作台。

③ 根据试样技术要求选择合适的标尺。

④ 根据试验标尺选择并安装压头，压头在安装之前必须清洁干净。

⑤ 调整保压时间为 15s。

四、 实验步骤

1. 打开电源并将试样放在合适的工作台上。

2. 将手轮顺时针旋转使升降杆上升，压头渐渐接触试样，刻度盘指针开始转动，此时小指针从黑点移向红点，当大指针转动 3 圈时，小指针指向 30 处。此时停止旋转手轮。

3. 微调刻度盘并使之正对 30，此时材料表面已施加 98.07 初始试验力。

4. 按启动按钮加主载荷，主载荷将通过杠杆加于压头上，而使压头压入试样，保持 15s。

5. 保压时间结束后仪器自动卸除主试验力，指针回旋。

6. 根据指针通过 0 刻度的次数读出硬度值：0 次，硬度为读数加 100；1 次，硬度为刻度盘读数；2 次，硬度为刻度盘读数减 100。

7. 逆时针旋转手轮，使试样下降脱离压头，取出试样。

8. 更换位置作重复测试，实验点不少于 5 个。

注意事项：

① 测试过程中，试样出现裂痕或背面有痕迹时，结果无效。

② 每个实验点间距不小于 10mm。

③ 压头要注意防锈，存放时加防锈油。

五、 实验数据记录与数据处理

将洛氏硬度试验测得数据记入表 2-3 中。

表 2-3　洛氏硬度试验记录

硬度	1	2	3	4	5	平均值
样品 1						
样品 2						
样品 3						

六、 思考题

1. 测试硬度都有哪些方法？

2. 影响 PMMA 硬度的因素有哪些？

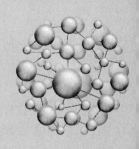

实验七

Q 表测定 PMMA 的介电性能

聚甲基丙烯酸甲酯的侧甲基的极性不大，所以它仍具有良好的介电性能和电绝缘性能。此外，它的介电常数较大，可用作高频绝缘材料。

介电性是指聚合物在电场作用下，表现出对静电能的储存和损耗的性质，通常用介电常数和介电损耗来表示。介电常数是指电容器极板间有介电材料的电容与真空电容的比值，表征介电材料储存电能的能力大小。介电损耗，是指介电材料在交变电场中，每个周期内介电材料损耗能量与储存能量的比值。

本实验采用高频 Q 表来测定 PMMA 的高频介电常数和介电损耗。高频 Q 表能在较高的测试频率条件下，测量高频电感或谐振回路的 Q 值、电感器的电感量和分布电容量、电容器的电容量和损耗角正切值等。

一、 实验目的

1. 了解高频 Q 表的工作原理。
2. 掌握用高频 Q 表测试介电常数、介电损耗的方法。

二、 实验原理

1. 基本原理

Q 表测量材料介电性能的基本原理是电路的谐振原理。

Q 表的测量回路是 RLC 串联电路，见图 2-10。给 RLC 电路回路输入电源电动势为 U_i，该回路中电流的有效值为

$$I = \frac{U_i}{\sqrt{R^2 + (X_L - X_C)^2}} \tag{1}$$

式中，X_L、X_C 是电感、电容在谐振频率时的电抗；R 是整个电路中的有效串联电阻。当回路谐振时，电容上得到电压

$$U_C = I X_C = \frac{U_i}{R} X_C = Q U_i \tag{2}$$

其中，

$$Q = \frac{U_i}{R} \tag{3}$$

Q 值是电感、电容谐振回路的品质因数。它表示震荡一周期间能量的存储和能量消耗的比值。可以看出，U_C 比 U_i 高 Q 倍。如果能够测得谐振电路的 U_C 和 U_i 的值，则可求得 Q 值。这样便把 Q 值的测定变为两个电压比值的测定。

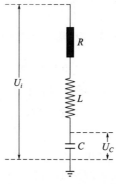

图 2-10 RLC 串联电路

2. 测量原理

对于一个给定的振荡频率，选择适当的电感线圈 L 和适当的电容时，就可以得到一个谐振回路，因而也就可以得到一个 Q 值。此时主调电容器上的电容是谐振电路的电容，我们称为 Q_1、C_1。

当并联上一个被测定电容 C 时（图 2-11），由于电路中的电容已经改变，故不再谐振。要使得电路重新谐振，则必须调节主调电容器使电路又恢复谐振，此时电容为 C_2。

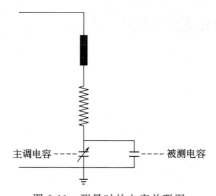

图 2-11 测量时的电容并联图

因为并联上一个电容后，电路中的电阻 R 发生了变化，又因为 $Q = X/R$。所以 Q 值必然发生变化，令其为 Q_2。即被测电容并联后，可以得到 Q_2、C_2。有了这两组数据，即可计算出 $\tan\delta$。

$$\tan\delta = \frac{Q_1 - Q_2}{Q_1 Q_2} \times \frac{C_1}{C_1 - C_2} \tag{4}$$

$$\varepsilon = 14.4 \frac{h(C_1 - C_2)}{D^2} \tag{5}$$

式中，h 为被测试样的厚度；D 为电极直径。

三、 实验仪器与样品

实验仪器：高频 Q 表（QBG-3D/AS2853）。

实验样品：直径 50mm、厚 2～5mm 的 PMMA 圆片。

四、 实验步骤

1. 制备 PMMA 圆片，圆片的两面要尽可能平滑。

2. 用干布将 PMMA 圆片表面擦净，涂上纯净的凡士林，将接触电极贴于样品的上、下平面上。将试样放于两电极之间，并保持三者同心，卡紧试样与电极。这样就组成了一个以试样为介质的电容器。

3. 接通电源，使仪器预热 15～20min。

4. 调整波段开关和频率读盘，频率调到 10^6 Hz。

5. 选一个适当的谐振电感接到"Lx"的两端。

6. 将微调电容调至零，主调电容器调到最大值附近，令该电容为 C_1，如未知电容数值较小，C_1 应调到较小电容值附近，以便达到尽可能高的分辨率。

7. 调信号源的频率，使测试回路谐振，令谐振器 Q 的读数为 Q_1。

8. 将被测电容接在"Cx"两端，调主调电容器，使测试电路再谐振，令新的调谐电容值为 C_2 和指示 Q 值为 Q_2。

9. 改换频率用 10^5 Hz 和 10^7 Hz 重做两次。

五、 实验数据记录与数据处理

1. 数据记录

频率：_____；C_1：_____；Q_1：_____；C_2：_____；Q_2：_____；

频率：_____；C_1：_____；Q_1：_____；C_2：_____；Q_2：_____；

频率：_____；C_1：_____；Q_1：_____；C_2：_____；Q_2：_____。

2. 数据处理

根据式（4）和式（5），计算被测电容器的损耗因数 $\tan\delta$ 和 ε。

六、 思考题

1. 比较三种不同频率下的 $\tan\delta$、ε 值的大小，说明了什么？

2. 测试环境（例如温度、湿度）和试样厚度对 $\tan\delta$、ε 值有何影响？

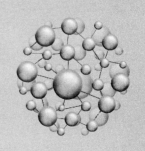

实验八

PMMA 电阻系数的测定

PMMA 的分子结构中，原子的最外层电子是以共价键与相邻原子连接，不存在自由电子和离子，导电能力很差。实际上，在制备和加工过程中，总是难免引进一些缺陷和低分子杂质，从而为电介质提供了载流子的来源，导致电介质材料产生穿过电介质内层或表面的微量电导电流，影响其绝缘性能。绝缘性能的优劣，可以用电阻率来衡量。

两个电极与试样接触或嵌入试样内，加于两电极上的直流电压和流经电极间的全部电流之比，称为绝缘电阻，由样品的体积电阻和表面电阻两部分组成，本实验测定 PMMA 的体积电阻和表面电阻。

一、 实验目的

1. 了解高聚物体积电阻系数和表面电阻系数的物理意义。
2. 掌握测试高聚物体积电阻系数和表面电阻系数的原理和方法。

二、 实验原理

1. 体积电阻 R_V：在试样的相对两表面上放置的两电极间所加直流电压与流过两个电极之间的稳态电流的比值；该电流不包括沿材料表面的电流（忽略两电极间形成的极化电流）。体积电阻率 ρ_V 是介电材料单位体积内的体积电阻。

$$\rho_V = R_V \frac{S}{h} \tag{1}$$

式中，S 是测量电极的面积；h 是样品的厚度。

2. 表面电阻 R_s：施加于两电极上的直流电压和流过电极间试样表面层上的电流的比值（忽略极化电流）。表面电阻率 ρ_s 是单位面积内的表面电阻。

$$\rho_s = R_s \frac{L}{b} \tag{2}$$

式中，L 是试样的长度；b 是两平行电极的宽度。

3. 测试原理

本实验测量体积电阻和表面电阻，采用圆板状三电极系统，如图 2-12 所示。

图 2-12　三电极测试箱

测量体积电阻和表面电阻时，分别扳到R_v和R_s即可，测试原理见图 2-13。

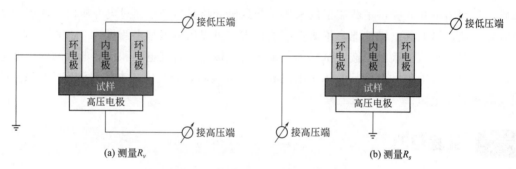

(a) 测量R_v　　　　　　　　(b) 测量R_s

图 2-13　体积电阻和表面电阻测试

三、实验仪器与样品

实验仪器：高阻计 ZC-90E，螺旋测微器。

实验样品：PMMA 圆片（直径 100mm，厚 2mm）。

四、实验步骤

1. 测量主电极直径，保护电极直径。

2. 测量试样的厚度，取三点的平均值，保留小数点后两位数字（单位：mm）。

3. 电源电压检查：将高压（校零）选择开关拨到"电池"位置，显示屏上出现"V"或"B(V)"字符，显示数值为电池的电压值。

4. 仪表的校零：将高压（校零）选择开关拨到"放电校零"挡位，调节校零旋钮，使仪表示值为 0.000。

注意：面板上有多个"放电校零"挡位，应选择与所选测量电压相邻的"放电校零"挡位，以便下一步进入测量位置。

5. 开始操作前，仪表电源应处于关闭位置。前一次测量结束后，应经过 30s 左右的内部放电时间，以确保操作人员免受高压电击。

6. 连接仪表与被测器件。电极箱中红、黑两个夹子分别夹在红、黑两个接线柱上。

7. 打开电源开关。将倍率（量程）开关置于最低挡位×10^5Ω，仪表校零。

8. 选择合适的测量电压，对于聚合物材料，一般先选 100V，测不到时再转 250V、500V 或 1000V。注意观察仪表示值，如果显示屏出现"1-"说明仪表量程过小，逐步将倍率开关按顺时针旋转，当仪表出现读数后应立即停止转动。

注意：从一种测量电压改变为另一种测量电压时，功能开关必须先放在"放电调零"挡位，30s 后才能开始新选择的电压的测量，否则测量电压可能大幅度高于额定值，损坏被测器件。

9. 将高压（校零）选择开关由"放电校零"挡经"充电"挡拨至所选的电压挡位，测量电压施加在被测对象上。将电极箱上的选择开关拨到"Rv"位置，测量聚合物材料体积电阻率。按式（1）计算体积电阻率。

10. 放电 30s，重复测量 3 次。

11. 关闭仪表电源，放电 30s，将电极箱上的选择开关拨到"Rs"位置，打开仪表电源测量表面电阻率。按式（2）计算表面电阻率。

12. 放电 30s，重复测量 3 次。

13. 使用完毕，先切断电源，再将面板上各开关复原。

五、 实验数据记录与数据处理

试样名称：_____；厚度：_____。

将电阻系数实验所测数据填入表 2-4 中。

表 2-4 电阻系数实验记录

测试次数	体积电阻		表面电阻	
	示值	平均值	示值	平均值
1				
2				
3				

根据式（1）和式（2）计算 PMMA 圆板的体积电阻系数和表面电阻系数。

六、 思考题

1. 本实验为什么要对测试条件、工作电源、温度和相对湿度有所规定？

2. 接触电极的作用是什么？

3. 体积电阻系数测的是试样哪部分的电阻系数？表面电阻系数测的是试样哪部分的电阻系数？

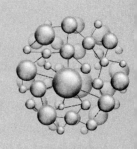

平板流变仪测定 PMMA 的流变性能

　　聚合物流变学是研究聚合物的流动和变形的科学，对聚合物成型加工和生产具有指导作用。聚合物熔体流变性能的测定有多种方法，测量流变性能的仪器按施力状况的不同主要有毛细管流变仪、旋转流变仪、落球流变仪和转矩流变仪等。

　　旋转流变仪是现代流变仪中的重要成员，它依靠旋转运动来产生简单剪切流动，可以用来快速确定材料的黏性、弹性等流变性能。旋转流变仪通过一对夹具的相对运动来产生流动，实际用于黏度等流变性能测量的夹具的几何结构有同轴圆筒、锥板和平行板等。不同类型的流变仪适用于不同黏度流体在不同剪切速率范围的测定，见表 2-5。

表 2-5　不同流变仪的适用范围

流变仪	黏度范围/Pa·s	剪切速率/s^{-1}
毛细管挤出式	$10^{-1} \sim 10^{7}$	$10^{-1} \sim 10^{6}$
旋转圆筒式	$10^{-1} \sim 10^{11}$	$10^{-3} \sim 10^{1}$
旋转锥板式	$10^{2} \sim 10^{11}$	$10^{-3} \sim 10^{1}$
平行平板式	$10^{2} \sim 10^{3}$	极低
落球式	$10^{-3} \sim 10^{3}$	极低

　　同轴圆筒、锥板和平行板流变仪这三种不同的测量系统分别适用于不同的测量场合，选择合适的测量系统对测量结果非常重要。同轴圆筒流变仪是测量中、低黏度均匀流体黏度的最佳选择，但它不适用于聚合物熔体、糊剂和含有大颗粒的悬浮液。锥板结构是一种理想的测量结构，但是样品的装载对于锥板体系是非常重要的，过多或过少的样品都会引起实验的误差。

　　平行板旋转流变仪即平板流变仪，具有很多优点。例如：①平行板间的距离可以调节到很小。小的间距抑制了二次流动，减少了惯性校正，并通过更好的传热减少了热效应。综合这些因素使得平行板结构可以在更高的剪切速率下使用。②可以结合平行板结构与锥板结构来测量流体的第二法向应力差。③平行板结构可以更方便地安装光学设备和施加电磁场。④平行板中剪切速率沿径向的分布可以使剪切速率的作用在同一个样品中得到表现。⑤对于填充体系，板间距可以根据填料的大小进行调整。因此平行板更适用于测量聚合物共混物和多相聚合物体系（复合物和共混物）的流变性能。⑥平的表面比锥面更容易进行精度检查。

⑦通过改变间距和半径，可以系统地研究表面和末端效应。⑧平行板的表面更容易清洗。

本实验采用平板流变仪测定 PMMA 的流变性能。

一、　实验目的

1. 了解平板流变仪的基本结构及其适应范围。
2. 熟悉平板流变仪的工作原理及其使用方法。
3. 测试 PMMA 的动态流变性与稳态流变性。

二、　实验原理

1. 平行板结构

如图 2-14 所示，平行板的结构是由两个半径为 R 的同心圆盘构成，间距为 h，上下圆盘都可以旋转，扭矩和法向应力也都可以在任何一个圆盘上测量。边缘表示了与空气接触的自由边界。在自由边界上的界面压力和应力对扭矩和轴向应力测量的影响一般可以忽略。

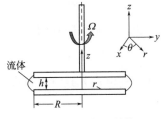

图 2-14　平行板结构

这种结构对于高温测量和多相体系的测量非常适宜。平行板间距可以很容易地调节：对于直径为 25mm 的圆盘，经常使用的间距为 1～2mm，对于特殊用途，也可使用更大的间距。

2. 测试模式

旋转型平板流变仪的测试模式一般可以分为稳态测试、瞬态测试和动态测试，区分它们的标准是应变或应力施加的方式。稳态测试用连续的旋转来施加应变或应力以得到恒定的剪切速率，在剪切流动达到稳态时，测量由于流体形变产生的扭矩。瞬态测试是指通过施加瞬时改变的应变（速率）或应力，来测量流体的响应随时间的变化。动态测试主要指对流体施加振荡的应变或应力，测量流体响应的应力或应变。动态测试中，可以使用在被测试材料共振频率下的自由振荡，或者采用在固定频率下的正弦振荡。这两种方式都可用来测量黏度和模量，不同的是在固定频率下的正弦振荡测试在得到材料性能频率依赖性的同时，还可得到其性能的应变或应力依赖性。这些工作模式对于旋转流变仪，如同轴圆筒、锥板和平行板夹具都是一致的。

3. 平板流变仪基本原理

（1）两个圆盘间旋转流动的周向速度 v_θ 和剪切速率 $\dot\gamma_{z\theta}$　根据剪切速率的定义

$$\dot\gamma = \frac{\mathrm{d}v(z)}{\mathrm{d}z} = \frac{r\mathrm{d}\omega(z)}{\mathrm{d}z} \tag{1}$$

结合边界条件

$$\omega \mid_{z=0} = 0; \quad \omega \mid_{z=h} = \Omega \tag{2}$$

可得两个圆盘间旋转流动剪切速率 $\dot{\gamma}_{z\theta}$

$$\dot{\gamma}_{z\theta} = r \frac{\Omega}{h} \tag{3}$$

根据周向速度和角速度的关系式

$$\mathrm{d}v_{\theta}(z) = r\mathrm{d}\omega(z) = \dot{\gamma}\mathrm{d}z = r \frac{\Omega}{h}\mathrm{d}z \tag{4}$$

结合边界条件

$$v_{\theta} \mid_{z=0} = 0 \tag{5}$$

两个圆盘间旋转流动的周向速度 v_{θ} 和角速度 $\omega(z)$

$$v_{\theta}(z) = r \frac{\Omega}{h}z \tag{6}$$

$$\omega(z) = \frac{\Omega}{h}z \tag{7}$$

（2）黏度的测量　对于非牛顿流体，剪切速率和黏度是半径 r 的函数，从圆盘 r 到 $\mathrm{d}r$ 的圆环上的扭矩微量 $\mathrm{d}M$

$$\mathrm{d}M = 2\pi\tau_{z\theta}(r)r^2\mathrm{d}r \tag{8}$$

利用剪切应力和黏度的关系

$$\tau_{z\theta}(r) = \eta(r)\dot{\gamma}_{z\theta} = \eta(r)r \frac{\Omega}{h} \tag{9}$$

可得

$$\eta(\dot{\gamma}_R) = \frac{M}{2\pi R^3 \dot{\gamma}_R}\left[3 + \frac{\mathrm{dln}\left(\frac{M}{2\pi R^3}\right)}{\mathrm{dln}\,\dot{\gamma}_R}\right] \tag{10}$$

根据式（10）可以看出，$\eta(\dot{\gamma}_R)$ 与 M 和 $\dot{\gamma}_R$ 有关，与 $\mathrm{dln}M$ 和 $\mathrm{dln}\,\dot{\gamma}_R$ 的双对数曲线的斜率有关，由此给出黏度的表达式

$$\eta(\dot{\gamma}_R) = \frac{M}{2\pi R^3 \dot{\gamma}_R}[3+n] \tag{11}$$

式中，n 称为流动指数。

（3）储能模量和损耗模量　PMMA 是一种黏弹性材料，它同时表现出黏性材料和弹性材料的特性。应用流变仪的动态测试模式，可研究其黏弹性。给材料施加振动应变

$$\gamma^*(i\omega) = \gamma_0 e^{i\omega t} \tag{12}$$

其中

$$e^{i\omega t} = \cos\omega t + i\sin\omega t \tag{13}$$

材料内部产生相应的应力

$$\sigma^*(i\omega) = \sigma_0 e^{i(\omega t + \delta)} \tag{14}$$

式中，δ 是材料内部产生的应力相对施加应变的时间滞后的相位角。由应力式（14）与应变式（13）的比值，引入复数剪切模量

$$G^*(i\omega) = \frac{\sigma^*(i\omega)}{\gamma^*(i\omega)} = \frac{\sigma_0}{\gamma_0}e^{i\delta} = \frac{\sigma_0}{\gamma_0}(\cos\delta + i\sin\delta) = G'(\omega) + iG''(\omega) \tag{15}$$

式中

$$G'(\omega) = \frac{\sigma_0}{\gamma_0}\cos\delta \qquad (16)$$

$$G''(\omega) = \frac{\sigma_0}{\gamma_0}\sin\delta \qquad (17)$$

G' 称为储能模量（又称为弹性模量），是材料由于弹性（可逆）形变而储存能量的量度，反映材料弹性大小。G'' 称为损耗模量（又称黏性模量），是材料由于黏性形变（不可逆）而损耗能量的量度，反映材料黏性大小。储能模量远大于损耗模量时，材料主要发生弹性形变，材料呈现固态。损耗模量远大于储能模量时，材料主要发生黏性形变，材料呈现液态。储能模量和损耗模量相当时，材料为半固态，凝胶即是一种典型的半固态物质。图 2-15 所示为动态测试原理。

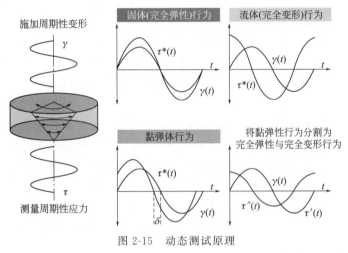

图 2-15　动态测试原理

三、实验仪器与样品

实验仪器：AR2000EX 型平板流变仪（图 2-16）。
实验样品：聚甲基丙烯酸甲酯（PMMA）。

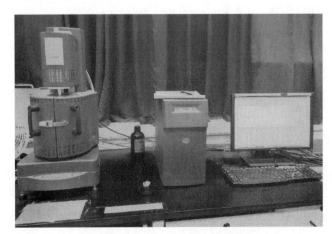

图 2-16　AR2000EX 型平板流变仪

四、 实验步骤

熟悉平板流变仪的操作规程,严格按照仪器的操作规程使用。

1. 开机步骤

(1) 关闭空压机下端的放气开关,打开空压机电源开关,开始压缩空气。

(2) 待空压机第一次停止工作(气罐充满,听到噗的一声)后,设定空气流量为 15L/min,对于易氧化的样品,开通氮气保护,设定氮气流量为 5L/min。

(3) 移去空气轴承锁(左手托住底盖不动,右手逆时针旋转空气轴承螺杆)。

(4) 打开电子接口箱电源。

(5) 安装合适的夹具,环境控制腔(ETC)中安装夹具的方法:首先将上夹具套入空气轴承(左手扶住夹具,右手顺时针旋紧空气轴承螺杆);然后下夹具去掉保护套,按 release 按钮后,放置下夹具,待 release 指示灯灭再按一次 release 按钮,然后插入数据线,灯灭后吸住下夹具。[对于黏度较高的聚合物体系,使用(ETC);对于黏度较低的体系,使用同心圆筒。]

(6) 打开电脑,开启程序(图标:TA Instrument Explorer)。

2. 实验步骤

(1) 开启程序(图标:TA Instrument Explorer)后,进行夹具校正(calibration)。

(2) 设定实验温度,等待仪器升温(对于 PMMA 体系,温度设定为 200℃);待升到设定温度时,单击 zero gap 选项,在实验温度下进行夹具间隙校零。然后进行旋转映射,消除夹具旋转过程中的惯性旋转对实验结果的影响。

(3) 打开炉子,升起上夹具,放入样品,降低上夹具(注意不要挨近样品)。关上炉子,等待温度升高,样品完全熔融后,单击 bearing lock 按钮,锁住轴承。然后设定夹具间隙,夹具间隙到达设定值后,刮边。

(4) 选择实验程序,设定条件(应力、应变、时间、温度等),进行实验。本实验要求进行 PMMA 熔体的动态频率扫描和稳态流变测试。

(5) 每测完一个样品要及时对夹具进行清理。对于高黏度聚合物体系,在清理过程中,首先要拧松轴承螺栓,慢慢升起轴承,再取下上夹具,进行清理。

3. 关机步骤

(1) 关闭电脑程序(图标:TA Instrument Explorer)。

(2) 拆除夹具(按一次 release 按钮,拔下数据线,灯灭后再按一次 release 按钮,取下夹具),清理干净。

(3) 关闭电子接口箱电源。

(4) 安装空气轴承锁(左手托住底盖不动,右手顺时针旋转空气轴承螺杆)。

(5) 关闭氮气。

(6) 关闭空压机,放出空压机内气体。

五、 思考题

1. 对平板流变测试方法、毛细管流变测试方法及转矩流变测试方法进行比较。

2. 储能模量、损耗模量的定义是什么?与聚合物结构有什么关系?

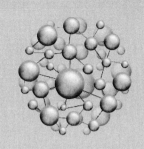

实验十

聚甲基丙烯酸甲酯的沉淀分级

聚合物的分子量及其分布是影响其机械性能及溶液性质的重要因素。为细致研究分子量与性质的关系，常需要将聚合物样品分成分子量分布较窄的级分。利用聚合物的分子量与其溶解度之间的依赖关系，将分子量相同或相近的聚合物从混合物中依次分离出来，得到不同分子量的级分，称为聚合物的分级。分级方法大致可分为：沉淀分级、溶解分级、温度梯度淋洗分级、柱上分级以及体积排除分级。这些方法中，温度梯度与溶剂梯度相结合的梯度淋洗色谱法是分级样品制备方法中效率最高的；体积排除色谱法则是分析方法中操作简便、重复性好且准确度高的方法；而逐步沉淀分级方法具有仪器设备简单、技术容易掌握、适用性强等特点，并能一次制备较大量的分级样品。在一般的粗分级或只要求纯化聚合物的情况下，且对分级效率要求不高时，沉淀分级方法显得更为优越。

一、 实验目的

1. 了解聚合物的溶解和沉淀过程及其原理。
2. 初步掌握逐步沉淀分级的实验技术。

二、 实验原理

聚合物凝聚态由许多高分子依靠分子间的相互作用力凝聚在一起。溶解与凝聚是相反的过程，由于溶剂分子对高分子的"溶剂化"作用，克服高分子本身的内聚力，使得凝聚在一起的高分子在溶剂中溶解，各个高分子链相互分开，变成溶液中一个个孤立的分子。聚合物能否在溶剂中溶解，取决于溶剂的优良程度。依据溶解聚合物的能力，可以把溶剂分成良溶剂与不良溶剂。当溶剂极其不良时，实际上就是沉淀剂。

在溶液中加入沉淀剂或降低温度，则良溶剂将逐渐变成不良溶剂。随着溶剂对高分子的溶剂化作用将逐渐减弱，当小于高分子的内聚力时，高分子从溶液中凝聚出来，使溶液分成两相：稀相（又叫溶液相）和浓相（又叫凝液相）。由于分子之间内聚力的大小和分子运动的速率均依赖于分子量，所以聚合物-溶剂体系的临界共溶温度随分子量的增加而升高，也就是说，要在较高的热运动时才能克服内聚力而使较大的分子均匀地分散在溶剂中。在恒温下向聚合物溶液中加入沉淀剂时，由于溶剂化作用下降，相对地增加了大分子链之间的内聚

高分子科学综合实验教程

力，产生相分离。因此，在相同溶剂和温度条件下，分子量大的部分将先沉淀出来。

根据 Flory-Huggins 理论，聚合物在两相中的比例可以用下式表示：

$$\frac{W'}{W} = \frac{V'}{V} e^{n\sigma} \tag{1}$$

$$\sigma = 2\chi(\phi_1 - \phi_2) - \ln\frac{\phi_1}{\phi_2} \tag{2}$$

式中，W' 和 W 分别表示高分子在浓相和稀相中的质量分数，二者满足 $W' + W = 1$；V' 和 V 分别表示浓相和稀相的体积；n 是高分子的聚合度；χ 是溶质和溶剂的相互作用参数；ϕ_1 和 ϕ_2 是溶剂在稀相和浓相中所占的体积分数。从式（2）可看出，χ 值增大（加入沉淀剂或降低温度，使得溶剂的不良程度增加）或分子的聚合度越大，高分子进入凝液相的比例越大。

分级的理论基础是聚合物在两相中分配的分子量依赖性，分子量大的部分在稀相中的含量很少，而分子量小的部分在稀相中相对较多，加上小分子量的聚合物是大分子量聚合物的良溶剂，以及局部沉淀或吸附等原因，大分子量聚合物析出时也会带出部分小分子量的聚合物，因此各种分子量的聚合物在两相中皆存在，只是浓度不同。所以只通过一次沉淀分级不可能得到分子量均一的级分，而且第一级分、第二级分常常具有较宽的分子量分布。因此，要提高分级效率，必须进行再分级。分级溶液的起始浓度对分级效率也有影响，分级效率取决于凝液相与溶液相的体积比，体积比越小，分级效率越高，但浓度太低时，溶液体积很大，对操作不利，一般采用起始浓度为 1% 较为合适。

产生相分离时，根据聚合物溶剂和沉淀剂的性质与分级条件不同，析出的沉淀可能是粉末状、棉絮状、凝液状或部分结晶的微粒。

三、 实验仪器与样品

实验仪器：恒温槽一套（玻璃缸、加热棒、导电表、继电器、精密温度计、搅拌器），3000mL 三颈烧瓶两个，50mL 滴液漏斗，量筒，锥形瓶，2# 熔砂漏斗，吸滤瓶等。

实验样品：聚甲基丙烯酸甲酯，蒸馏水，丙酮。

四、 实验步骤

1. 溶解试样

称取聚甲基丙烯酸甲酯样品 15g，置于锥形瓶中，加入丙酮 50mL，稍微加热并用搅拌棒轻轻搅动使之溶解。用 2# 熔砂漏斗将溶液过滤到 3000mL 三颈烧瓶中，再以少量丙酮将粘在锥形瓶和漏斗上的溶液洗入三颈烧瓶中，再往烧瓶补加溶剂到 1500mL，小心地将溶液摇匀，置于 25℃ 恒温水槽中。

2. 滴加沉淀剂

三颈烧瓶中间的颈中装入配有玻璃搅拌棒的搅拌器，另一颈中装入 50mL 的滴液漏斗，开动搅拌，搅拌速度不宜过快。一边搅拌，一边用滴液漏斗向瓶内缓慢滴加蒸馏水（以免引起局部沉淀剂的浓度过大而使小分子一起带下来）。当出现浑浊搅拌后不消失时停止加入沉淀剂，将三颈烧瓶取出，放入 50℃ 水浴中摇晃使沉淀重新溶解，澄清后重新放回 25℃ 恒温水槽中，静置。

　　3. 制取第一级分

　　上述溶液静置24h后，沉淀在瓶底沉积成较紧密的固体，将上层清液倾倒入另一三颈烧瓶作为母液。往留有沉淀的三颈烧瓶中加入丙酮，使沉淀溶解形成溶液，然后将溶液倒入大量蒸馏水中，并不断搅拌使之成棉絮状沉淀，过滤，并用蒸馏水洗涤沉淀。把得到的沉淀放入通风橱中干燥，然后放入50℃真空烘箱烘至恒重，由此得第一级分样品，称重。

　　4. 制取其他级分

　　再将盛有母液的三颈烧瓶放回25℃恒温水槽，重复上面的滴加沉淀和制取级分的制作，依次得到分子量由大到小的五个级分。分级过程中由于沉淀剂的不断加入，溶液体积越来越大，到制备最后一个级分时，可先减压蒸馏减少溶剂的量，使溶液体积浓缩到300mL左右，再加入沉淀剂，得到最后一级分。

五、 实验数据记录与数据处理

　　将所测沉淀分级记录填入表2-6中。

表 2-6　沉淀分级记录

级分编号	沉淀剂量	恒重		
		一	二	三
1				
2				
3				
4				
5				

　　1. 计算分级损失

$$分级损失 = \frac{原样重量 - 各级分总重量}{原样重量} \times 100\%$$

　　2. 画出分级曲线，假设分级损失平均分配给每一级分，标出各级分的重量分数。

六、 思考题

　　1. 在沉淀分级的过程中，哪些操作可使体系尽可能达到热力学平衡？
　　2. 沉淀分级的应用如何？为什么还会常用？

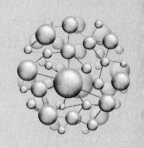

第三单元

玻璃钢的制备及其性能表征

由两种或两种以上物理化学性质不同的物质，经人工组合而成的多相固体材料称为复合材料。在西安半坡村遗址中曾发现草拌泥制成的墙壁和砖坯，其性能优于草和泥，距今已有7000年的历史，是复合材料已知最早的雏形。4000年以前的漆器是典型的纤维增强复合材料，它是用丝、麻及其织物为增强相，以生漆做黏结剂一层一层铺覆在底胎（模具）上，待漆干后挖去底胎而成型。

作为现代复合材料重要成员的玻璃钢于1932年在美国出现，1940年制成了玻璃纤维增强聚酯（GFRP）的军用飞机雷达罩，其后美国莱特空军发展中心设计制造了GFRP为机身和机翼的飞机。第二次世界大战以后复合材料开始迅速扩展到民用领域。进入20世纪70年代，玻璃钢的比强度和比刚度已经无法满足尖端技术对重量敏感、强度和刚度更高的要求。因而开发了一批如碳纤维、碳化硅纤维、氧化铝纤维、硼纤维、芳纶纤维、超高分子量聚乙烯纤维等高性能增强材料，并以此增强高性能树脂、金属与陶瓷制成先进复合材料，用于飞机、火箭、卫星、飞船等航天飞行器。远程火箭的GF-酚醛树脂烧蚀防热弹头、玻璃钢GFRP直升机螺旋桨等都是复合材料在高科技领域的应用实例。F-22战斗机大量使用钛合金和复合材料，钛合金占重量20%，复合材料占20%，传统材料铝和钢占20%。波音787上复合材料的重量超过总重的50%，被认为是复合材料的一次革命。目前复合材料仍处于迅速发展阶段，因此科学界普遍认为20世纪是聚合物材料的世纪，21世纪将是复合材料的世纪。

本单元内容通过不饱和聚酯的合成及GFRP玻璃钢的制备，到玻璃钢性能测试等一系列实验，让同学们深入理解复合材料的制备原理并掌握复合材料的制备及测试技能。

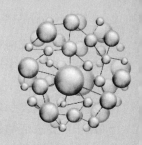

实验一

不饱和聚酯的合成及其与玻璃布的层压复合

不饱和聚酯是分子中既含有酯基（—COO—），又含有不饱和键的聚合物。不饱和聚酯预聚物中的双键可以通过分子间反应生成交联网状或体型结构，从而形成不熔不溶的聚合物材料。聚合物由线型结构变为体型结构的过程叫固化（也叫交联、变定、熟化），因此从不饱和聚酯制造成品的过程可以分成两个阶段，第一阶段是合成线型不饱和聚酯，第二阶段是交联固化。

本实验合成不饱和聚酯并与玻璃布复合制备玻璃钢。

一、实验目的

1. 了解不饱和聚酯及玻璃纤维增强塑料的制备原理和过程。
2. 掌握酸值测定方法。

二、实验原理

第一步：通过缩聚反应合成线型不饱和聚酯

$$HC=CH \quad + \quad + \quad HOCH_2CH_2OH \xrightarrow[\text{高温搅拌}]{-H_2O} HO \left(C-C=C-C-OCH_2CH_2O-C \qquad C-OCH_2CH_2O \right)_n$$

反应程度可以在反应过程中通过酸值滴定来确定。

第二步：交联固化。在引发剂过氧化苯甲酰（BPO）存在下，线型不饱和聚酯与苯乙烯共聚固化：

$$HO \left(C-C=C-C-OCH_2CH_2O-C \qquad C-OCH_2CH_2O \right)_n \xrightarrow[\text{BPO}]{C=CH_2}$$

$$HO \left(C-CH-C-OCH_2CH_2O-C \qquad C-OCH_2CH_2O \right)_n$$

三、　实验仪器与样品

实验仪器：250mL 四口瓶，水分离器，冷凝管，温度计（360℃），500mL 蒸馏瓶，干燥管，烧杯，碱式滴定管，锥形瓶。

实验样品：顺丁烯二酸酐，熔点 52～53℃，含量＞97％，24.5g；邻苯二甲酸酐，熔点 130～131℃，含量＞99％，25.9g；乙二醇，折射率（25℃）1.4293，含量＞9％，27.9g；苯乙烯，折射率（25℃）1.5435，含量＞99％，为树脂重量的 25％；对苯二酚，熔点＞170℃，含量＞98％，为树脂重量的 0.02％～0.03％；过氧化二苯甲酰（BPO），熔点 102～106℃，含量＞98％，为树脂重量的 0.3％～0.5％；苯-甲醇溶液（1∶1），0.2mol/L KOH 乙醇溶液与酚酞指示剂，50mL。

四、　实验步骤

1. 不饱和聚酯的合成

在装有温度计、搅拌器、N_2 导管和水分离（带冷凝管）的四口烧瓶内放入定量的顺丁烯二酸酐、邻苯二甲酸酐和乙二醇，通 N_2 气，气流速度控制在 100～200 泡/min，置换瓶中空气。加热，待反应物熔融后，开始搅拌。反应物温度在 140～160℃约 1h 后，可逐步加温，以不超过 200℃为限。反应 2h 后开始取样测酸值，当酸值（测定方法见附录）达到 60～70 时，停止加热，待树脂冷却到 100℃以下后倾出，称重。按照需要量称取苯乙烯、过氧化苯甲酰、对苯二酚。然后从苯乙烯的总量中先取出 2mL 溶解引发剂 BPO，剩余部分溶解对苯二酚，在不断搅拌下把溶有对苯二酚的苯乙烯倒入树脂中，搅拌到均匀不分层时，再将溶有引发剂的苯乙烯与其混合均匀，待用。

2. 铸塑

将上述树脂液注入试管中（试管的 2/3 体积即可），放入 60℃烘箱聚合，当树脂不流动时再升温到 80～100℃保持 2h，冷却至室温脱模得试管铸塑件。

3. 制作玻璃钢

（1）工具材料　20cm×20cm 玻璃平板 2 块，15cm×15cm 玻璃纸 2 块，刮刀 1 把，玻璃棒 1 根，10cm×10cm 玻璃布 10 块（经处理过，处理方法见附录）。

（2）操作　将一张玻璃纸平铺于平滑的玻璃板上，用刮刀刮一层树脂，然后铺上第一层玻璃布，再刮一层树脂后铺上第二层玻璃布，如此重复操作直到第十层，最后再刷上一层树脂并铺上另一张玻璃纸，用玻璃棒从板中心向两旁平铺驱除气泡，再压上一块玻璃板，并在上面加一定重物，放置过夜，次日于 100～105℃烘 2h，取出冷至室温，即得玻璃纤维增强的不饱和聚酯材料——玻璃钢。

注意事项：

① 所有原料都极易吸水，称量要迅速，以免影响配比。如果乙二醇含水太多，可加入金属钠片在干燥系统中加热回流脱水、过滤，减压蒸馏后使用。

② 加热反应初期（约 140℃），由于反应猛烈而放热，系统温度会自动上升，所以不能盲目迅速升温，否则易引起冲料。一旦发生这种情况（即分流柱顶温大于 102℃），应把馏出物称重补加相当量的乙二醇。

③ 反应初期通 N_2 不宜过快，否则会吹出原料，影响物料配比。

④ 在规定升温速率条件下反应进行情况较好，若升温过快，则导致醇的损失过多，使黏度增大酸值过高；若反应温度过低，低于 180℃ 则酯化反应太慢，高于 200℃ 又易引起树脂凝胶和变色。

五、 思考题

1. 玻璃布为什么要进行表面处理？
2. 树脂不能含水，为什么？

附　录

1. 树脂酸值的测定

中和 1g 树脂中所含的游离酸所需的 KOH 毫克数，称为酸值（或酸度）。

[操作] 用滴管吸取 0.5g 左右的树脂于 125mL 的锥形瓶中，加入苯-甲醇（1∶1）混合液 10mL，摇匀溶解后，再加入 2～3 滴酚酞指示剂，以 0.2mol/L KOH 乙醇标准溶液滴定至粉红色不褪为止。

另作一个平行的空白实验。

[计算]

$$酸值 = \frac{(A-B) \times N_{KOH} \times 56.1}{W}$$

式中　N_{KOH}——KOH 物质的量浓度，N；

　　　A——滴定至终点时消耗的 KOH 体积，mL；

　　　B——空白试样消耗的 KOH 体积，mL；

　　　W——试样质量，g。

2. 玻璃布的处理

玻璃纤维增强塑料的性能取决于树脂的性质，以及树脂与玻璃布之间的黏结性能。一般玻璃纤维制品的表面涂覆了纺织型浸润剂（如石脂、硬脂酸、凡士林、高速机油等），这些浸润剂与树脂间的黏合不良，但去除了这层浸润剂后，裸露的玻璃纤维表面很光滑，容易吸附空气中的水，形成难以除去的水分子层，也会影响树脂与玻璃纤维的黏合，所以玻璃布的处理包括两步：①除去玻璃纤维布表面的浸润剂；②用化学试剂进行表面处理，以改善玻璃纤维表面性质。

除去表面浸润剂的方法有：

（1）热处理法

① 高温热处理法：玻璃布在 500～650℃ 的高温炉中焙烧至恒重。

② 低温热处理法：玻璃布在 250℃ 下除去挥发物，再加热至 300～350℃ 热分解浸润剂。

（2）水洗法　用各种洗涤剂清洗，例如把玻璃布浸入 20% 肥皂液煮洗 20min，然后用水冲洗干净，烘干。

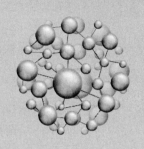

实验二

玻璃钢的拉伸性能测试

拉伸性能是聚合物材料力学性能中最重要、最基本的性能之一。拉伸试验是指在规定的温度、湿度和试验速度等实验条件下，对标准试样沿纵轴方向施加静态拉伸载荷，直到试样被拉断。材料的拉伸性能指标很大程度决定了材料的使用性能。

一、 实验目的

1. 掌握电子万能试验机的原理及使用方法。
2. 测试玻璃钢屈服强度、拉伸强度、断裂强度和断裂伸长率等力学性能。
3. 观察玻璃钢的拉伸特征。

二、 实验原理

电子万能试验机通过软件程序，经压力传感器对试样施加一定负荷，将材料的形变量转变为电信号记录下来，经计算机处理后，测绘得到材料的拉伸应力-应变曲线。从应力-应变曲线上可以得到材料的拉伸性能指标：拉伸强度、弹性模量、泊松比、伸长率等。

1. 拉伸强度：拉伸试验中，试样断裂为止，所承受的最大载荷，定义式为

$$\sigma_t = \frac{P}{bh} \tag{1}$$

式中 σ_t ——拉伸强度，MPa；

$\quad P$ ——破坏载荷（或最大载荷），N；

$\quad b$ ——试样宽度，mm；

$\quad h$ ——试样厚度，mm。

2. 拉伸断裂（或最大载荷处）的伸长率为

$$\varepsilon_t = \frac{\Delta L_b}{L_0} \times 100 \tag{2}$$

式中 ε_t ——试样拉伸断裂（或最大载荷处）伸长率，%；

$\quad \Delta L_b$ ——破坏时标距内伸长量，mm；

$\quad L_0$ ——测量的标距，mm。

3. 拉伸弹性模量：材料所受拉伸应力与所产生的应变之比，定义式为

$$E_t = \frac{L_0 \Delta P}{bh \Delta L} \tag{3}$$

式中　E_t——拉伸弹性模量，MPa；

　　ΔP——荷载-变形曲线上初始直线段部分载荷量，N；

　　L_0——测量的标距，mm；

　　ΔL——与载荷增量对应的标距内变形量，mm。

4. 泊松比

$$\mu = -\frac{\varepsilon_2}{\varepsilon_1} \tag{4}$$

式中　μ——泊松比；

　　ε_1，ε_2——对应的横向应变和纵向应变。

三、 实验仪器与样品

实验仪器：各种电子拉力机均可使用，本实验采用 WSM-20 型微机控制万能材料试验机；游标卡尺。

实验样品：采用 GB/T 1040.3—2006 制备哑铃型玻璃钢样条 6 个。

四、 实验步骤

1. 对试样编号，准确测量每个样品中间平行部分宽度和厚度 3 次，计算算术平均值并记录。

2. 开机：先开试验机，再开计算机。

3. 选择拉伸夹具，夹紧试样并使其中心线与上下夹具的中心线对齐。

4. 单击桌面"WSM"软件，单击"拉伸试验"，进入参数设置，设置拉伸速率、数据存储位置等参数，输入试样的宽度和厚度值。单击开始按钮加载测试。

5. 试样断裂后，数据自动保存，打开夹具取出试样。

6. 导出实验数据，并记录实验结果。

7. 重复步骤（3）～（6）测试三个样品后，改变拉伸速率对样品进行测试。

8. 测试完毕，先关计算机，再关试验机。

注意事项：

① 确保开关机的顺序，进行试验前将仪器预热 10～15min。

② 夹持试样和试验过程中，需专心操控，防止夹具相撞。

五、 实验数据记录与数据处理

1. 绘制拉伸应力-应变曲线，判断材料的拉伸性能特征。

2. 根据式（1）～式（3）计算材料的拉伸强度、弹性模量及断裂伸长率。

（1）样品尺寸数据　将各项样品尺寸数据填入表 3-1 中。

表 3-1　样品尺寸数据

编号	宽度 b	$b_{平均}$	厚度 h	$h_{平均}$	面积
1					
2					
3					
4					
5					
6					

（2）数据处理　将计算所得各项数据填入表 3-2 中。

表 3-2　数据处理

编号	1	2	3	4	5	6
拉伸速率						
最大负荷						
拉伸强度						
断裂负荷						
断裂伸长量						
断裂伸长率						
起始模量						

六、思考题

1. 拉伸速率对拉伸力学性能有何影响？
2. 观察玻璃钢拉伸过程的特征，并用所学知识进行解释。

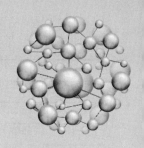

实验三

玻璃钢的压缩性能测试

塑料、纤维增强塑料压缩试验是基于在常温下对标准试样的两端施加均匀的、连续的轴向静压缩载荷，直至破坏或达到最大载荷时，求得压缩性能参数的一种试验方法。

一、 实验目的

1. 掌握压缩性能测试原理和测试方法。
2. 测定玻璃钢的压缩性能。

二、 实验原理

玻璃纤维增强塑料压缩性能试验方法 GB 1448—2005 适用于测定玻璃纤维织物增强塑料板材和短切玻璃纤维增强塑料的压缩强度和压缩弹性模量。GB 1041—2008 适用于塑料压缩性能试验。其方法是将试样放在试验机上，使试样在轴向载荷作用下受到轴向压缩，并使载荷增加直至破坏，根据测量的载荷及试样的变形，然后计算出材料的压缩强度和压缩弹性模量。

1. 压缩强度：在压缩试验中，直至试样破坏或达到最大载荷时所受的最大压缩应力为压缩强度

$$\sigma = \frac{P}{F} \tag{1}$$

式中　σ——压缩强度，MPa；

　　　P——破坏或最大载荷，N；

　　　F——试样横截面积，mm^2。

2. 压缩弹性模量：在比例极限范围内应力和应变之比

$$E = \frac{L_0 \Delta P}{bh \Delta L} \tag{2}$$

式中　E——压缩弹性模量，MPa；

　　　ΔP——载荷-变形曲线上初始直线段的载荷增量，N；

　　　ΔL——与载荷增量 ΔP 对应的标距 L_0 内的变形增量，mm；

L_0——仪表的标距，mm；

b，h——分别为试样宽度、厚度，mm。

3. 长细比 λ 的概念：在测试纤维增强塑料板材压缩性能时，其试样取正方棱柱体或矩形棱柱体。试样的高度根据试样截面的长和宽来决定，为此引入一个长细比 λ 的概念。所谓长细比是指等截面柱体的高度与其最小惯性半径之比：

$$\lambda = \frac{h}{i} \tag{3}$$

$$i = \sqrt{\frac{I}{S}} \tag{4}$$

式中　h——试样高度，mm；

$\quad\quad i$——最小惯性半径，mm；

$\quad\quad I$——横截面的最小主惯性矩，mm；

$\quad\quad S$——试样横截面积，mm。

横截面的最小主惯性矩根据不同形状截面有不同的计算公式：

正方棱柱体

$$I = \frac{a^4}{12} \tag{5}$$

矩形棱柱体

$$I = \frac{a b^3}{12} \tag{6}$$

直圆柱体

$$I = \frac{1}{2} I_\rho = \frac{\pi d^4}{64} \tag{7}$$

直圆管试样

$$I = \frac{1}{2} I_\rho = \frac{\pi}{64}\ (D^4 - d_1^4) \tag{8}$$

式中　a——正方形截面的边长或矩形截面的长边长，mm；

$\quad\quad b$——矩形截面的短边长，mm；

$\quad\quad d$——直圆柱体的直径，mm；

$\quad\quad d_1$——直圆管试样内径，mm；

$\quad\quad D$——直圆管试样外径，mm；

$\quad\quad I_\rho$——极惯性矩，mm^4。

由此，可求得不同形状试样的最小惯性半径

正方棱柱体

$$i = \sqrt{\frac{I}{S}} = \sqrt{\frac{a^4}{12a^2}} = \frac{a}{3.46} \tag{9}$$

矩形棱柱体

$$i = \sqrt{\frac{ab^3}{12ab}} = \frac{a}{3.46} \tag{10}$$

直圆柱体

$$i = \sqrt{\dfrac{\dfrac{\pi d^4}{64}}{\dfrac{\pi d^2}{4}}} = \dfrac{d}{4} \tag{11}$$

直圆管试样

$$i = \dfrac{1}{4}\sqrt{D^4 - d^4} \tag{12}$$

根据长细比可决定试样的高度 h

正方棱柱体

$$h = i\lambda = \dfrac{\lambda}{3.46}a \tag{13}$$

矩形棱柱体

$$h = \dfrac{\lambda}{3.46}b \tag{14}$$

直圆柱体

$$h = \dfrac{\lambda}{4}d \tag{15}$$

直圆管试样

$$h = \dfrac{\lambda}{4}\sqrt{D^2 + d_1^2} \tag{16}$$

实验证明，对测定压缩强度的试样，一般长细比 λ 取 10；若试验中发现有失稳现象，长细比 λ 可减小到 6。测定压缩弹性模量时，长细比 λ 取 15 或根据测量变形的仪表而定。

三、 实验仪器与样品

实验仪器：制样机，游标卡尺，WSM-20 型微机控制电子万能试验机。

实验样品：试样型号和尺寸见表 3-3。

表 3-3　试样型号和尺寸　　　　　　　　单位：mm

尺寸符号	Ⅰ型		尺寸符号	Ⅱ型	
	一般试样	仲裁试样		一般试样	仲裁试样
宽度 b	10～14	10±0.2	直径 d	4～16	10±0.2
厚度 a	4～14	10±0.2	高度 H	$\dfrac{\lambda}{4}d$	25±0.5
高度 H	$\dfrac{\lambda}{3.46}a$	30±0.5			

试样厚度 a 小于 10mm 时，宽度 b 均取（10±0.2）mm；试样厚度 a 大于 10mm 时，宽度 b 取厚度尺寸。

试样Ⅰ型采用机械加工法制备，Ⅱ型为模塑法制备。试样上下端面要求相互平行，且与试样中心线垂直；不平行度应小于试样高度的 0.1%。

四、　实验步骤

1. 试样制备：采用机械加工法制备 15mm×10mm×5mm 试样。测量试样中间平行部分的宽度和厚度，每个试样测量 3 次取平均值。

2. 开机：先开主机，再开计算机。

3. 选择压缩夹具并正确安装。试验机的加载压头应平整光滑，并具有可调整上下压板平行度的球形支座。

4. 单击桌面"WSM"软件，单击"压缩试验"，进入参数设置，设置加载速度（测定压缩强度时为 1.5～6mm/min，测定压缩弹性模量时为 2mm/min）、数据存储位置等参数。

5. 测量试样尺寸后安放在试验机上，使其中心线与试验机上下压板的中心对准。测定压缩弹性模量时，在试样高度中间位置安放测量变形仪表，施加约 5% 破坏载荷的初载，检查并调整试样及变形测量系统，使其处于正常工作状态以及使试样两侧压缩变形比较一致。然后以一定的间隔加载荷，记录相应变形值，至少分五级加载，施加荷载不宜超过破坏载荷的 50%，至少重复测试三次，取其二次稳定的变形增量。测定压缩强度时，对试样施加连续均匀载荷直至破坏或达到最大载荷，并记录之。有明显内部缺陷或端部挤压破坏者应予作废。

6. 一个试样测试完毕后，从夹具中取出残留试样，进行下一个试样的测试。

7. 导出实验数据，并记录实验结果。

注意事项：

① 试样尺寸对试验结果影响较大。试验证明，要比较材料的压缩性能，必须保持试样的 h_0/d_0 比值相同（h_0、d_0 分别为试样的高度、直径）。

在压缩试验过程中，压缩试样端面与压板之间存在摩擦力，h_0/d_0 比值大，摩擦力影响小，因此适当增大 h_0/d_0 比值，对正确进行压缩试验是有利的，但 h_0/d_0 比值太大也会出现试验时的失稳现象。

② 压缩试验的加载速度必须按规定进行，一般压缩强度随加载速度的增加而增大。

五、　实验数据记录与数据处理

（1）样品尺寸数据　将实验测得数据填入表 3-4 中。

实验温度：_____；样品名称：_____；设备名称：_____。

表 3-4　实验数据记录（一）

编号	3 次宽度			平均宽度 b	3 次厚度			平均厚度 h
1								
2								
3								
4								
5								

（2）按公式计算压缩弹性模量 将结果填入表 3-5 中。

表 3-5 实验数据记录（二）

编号	平均宽度 b	平均厚度 h	载荷增量 ΔP	标距 L_0	变形增量 ΔL	E
1						
2						
3						
4						
5						

六、 思考题

长细比 λ 概念的引入有何意义？

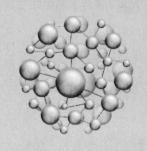

実验四

玻璃钢的弯曲性能测试

　　复合材料的弯曲试验中试样的受力状态比较复杂，有拉力、压力、剪切力、挤压力等，因而对成型工艺配方、试验条件等因素的敏感性较大。弯曲试验简单易行，比较适宜于作为材料的筛选试验。

一、　实验目的

　　1. 明确弯曲试验为何可作为复合材料的筛选试验。
　　2. 掌握测试玻璃钢的弯曲强度操作方法。

二、　实验原理

　　纤维增强塑料弯曲性能试验方法（GB/T 1449—2005）适用于测定玻璃纤维织物增强塑料板材和短切玻璃纤维增强塑料的弯曲性能，包括弯曲强度、弯曲弹性模量、规定挠度下的弯曲应力、弯曲载荷-挠度曲线。塑料弯曲性能的测定（GB/T 9341—2008）适用于塑料弯曲性能的测定。

　　1. 弯曲强度：弯曲试验一般采用三点加载式简易支梁，即将试样放在两支点上，在两支点间的试样上施加集中载荷，使试样变形直至破坏时的强度为弯曲强度

$$\sigma_f = \frac{3Pl}{2b\,h^2} \tag{1}$$

式中　σ_f——弯曲强度（或挠度为 1.5 倍试样厚度时的弯曲应力），MPa；

　　　P——破坏载荷（或最大载荷，或挠度为 1.5 倍试样厚度时的载荷），N；

　　　l——跨距，mm；

　　b，h——分别为试样宽度、厚度，mm。

　　2. 弯曲弹性模量：在比例极限内应力与应变的比值称为弯曲弹性模量

$$E_f = \frac{l^3 \Delta P}{4b\,h^3 \Delta f} \tag{2}$$

式中　E_f——弯曲弹性模量，MPa；

　　　ΔP——载荷-挠度曲线上初试直线段的载荷增量，N；

Δf——与载荷增量 ΔP 对应的跨度中点处的挠度增量，mm。

3. 弯曲应力：某些试验由于特殊要求，可测定表观弯曲强度，即超过规定挠度时（如超过跨距的 10%）载荷达到最大值时的弯曲应力。在此大挠度试验时，弯曲应力最好用下面的修正公式：

$$\sigma_f = \frac{3Pl}{2b\,h^2}\left[1 + 4\left(\frac{f}{l}\right)^2\right] \tag{3}$$

式中　f——试样跨距中点处的挠度，mm。

三、 实验仪器与样品

实验仪器：制样机，游标卡尺，WSM-20 型微机控制电子万能试验机。
实验样品：试样型式和尺寸见表 3-6、表 3-7、表 3-8。

表 3-6　弯曲试样尺寸　　　　　　　　　　　　　单位：mm

理论厚度 h	宽度 b	长度 L
$1 < h \leqslant 10$	15 ± 0.5	
$10 < h \leqslant 20$	30 ± 0.5	
$20 < h \leqslant 35$	50 ± 0.5	$20h$
$35 < h \leqslant 50$	80 ± 0.5	

注：对于强度低的纤维增强塑料，若有必要可增大试样宽度。

表 3-7　仲裁试验弯曲试样尺寸　　　　　　　　　单位：mm

材料	厚度 h	宽度 b	长度 L
玻璃纤维织物增强塑料	4 ± 0.2	15 ± 0.5	$\geqslant 80$
短切玻璃纤维增强塑料	6 ± 0.2	15 ± 0.5	$\geqslant 120$

表 3-8　塑料弯曲试样尺寸　　　　　　　　　　　单位：mm

标准试样	厚度 h	宽度 b	长度 L
模塑材料大试样	10 ± 0.2	15 ± 0.2	120 ± 2
模塑材料小试样	4 ± 0.2	6 ± 0.2	55 ± 1
板材试样	h	15 ± 0.2	$10h \pm 20$

四、 实验步骤

1. 试样制备：制备 150mm×10mm×4mm 的样条或哑铃型样条 5 个，测量试样中间平行部分的宽度和厚度，每个试样测量 3 次取平均值。

2. 开机：先开主机，再开计算机。

3. 选用弯曲夹具，并正确安装夹具、拧紧。

4. 加载上压头圆柱面半径 R 为 (5 ± 0.1)mm，支座圆角半径 r 为 (2 ± 0.2)mm（当 $h > 3$mm 时）和 (0.5 ± 0.2)mm（当 $h \leqslant 3$mm 时），若试样出现明显支座压痕，r 应改为 2mm。

加载速度：仲裁试验时（跨厚比 $l/h = 16 \pm 1$ 时），$v = h/2$mm/min，常规试验时 $v =$

10mm/min。测定弯曲弹性模量及弯曲载荷-挠度曲线时，$v=2$mm/min。

规定挠度：取试样厚度的1.5倍。

跨厚比：一般取16 ± 1。对很厚的试样，为避免层间剪切破坏，可取大于16，如32或40等。对很薄的试样，为使其载荷落在试验机许可的量程范围内，可取小于16，如10。

测定弯曲弹性模量和弯曲载荷-挠度曲线时，将测量变形仪表置于试样跨距中心与试样下表面接触。施加约为5%破坏载荷的初载，检查并调整仪表使整个系统处于正常状态，然后分级加载（测弹性模量时至少分五级加载），施加载荷不超过破坏载荷的50%，记录各级载荷和挠度，亦可自动连续加载和记录。

测定弯曲强度时连续加载。在挠度小于或等于1.5倍试样厚度下呈现最大载荷或破坏的材料，记录最大载荷或破坏载荷。在挠度等于1.5倍试样厚度下不呈现破坏的材料，记录该挠度下的载荷。

试样呈层间剪切破坏，有明显内部缺陷或在试样中间的1/3跨距l以外破坏的试样应予作废。

5. 一个试样测试完毕后，从夹具中取出残留试样，进行下一个试样的测试。

6. 导出实验数据，记录实验结果。

注意事项：

① 根据材料品种和形式的不同选择不同的弯曲试验方法。为了使实验结果具有可比性，不要轻易改变试验方法。

② 弯曲试验一般采用三点加载式简支梁法，在弯曲过程中同时受到正应力和剪力的影响。中性层不受拉应力也不受压应力，中性层下面纤维受拉应力，中性层上面纤维受压应力。根据材料力学分析，梁最外层纤维拉、压应力都最大，其值可用式（4）表示：

$$\sigma_{\max}=\frac{M}{W} \tag{4}$$

式中　M——弯矩，N·m；

　　　W——断面系数，mm^3。

对于矩形横面梁：$W=\dfrac{bh^2}{6}$，$M_{\max}=\dfrac{Pl}{4}$，则有

$$\sigma_{\max}=\frac{3Pl}{2bh^2} \tag{5}$$

对于圆形截面梁：$W=\dfrac{\pi d^3}{32}$，$M_{\max}=\dfrac{Pl}{4}$，则有

$$\sigma_{\max}=\frac{8Pl}{\pi d^3} \tag{6}$$

式中　$\sigma_{\max}$——最大正应力（弯曲应力），MPa；

　　　l——试样跨距，mm；

　b，h——试样宽度、厚度，mm；

　　　d——圆试样直径，mm。

三点弯曲试验是在非纯弯曲情况下进行的，试样的横截面上既有正应力σ，又有剪切应力τ。矩形截面的最大剪切应力为：

$$\tau_{\max}=\frac{3}{4}\times\frac{P}{bh} \tag{7}$$

最大剪切应力发生在矩形截面试样厚度的中性层，因此对矩形截面试样，横截面受到的

最大正应力（即最大弯曲应力）与最大剪切应力有如下比值关系：

$$\frac{\sigma_{max}}{\tau_{max}} = \frac{\dfrac{3Pl}{2bh^2}}{\dfrac{3}{4} \times \dfrac{P}{bh}} = \frac{2l}{h} \tag{8}$$

从上式可见，在进行弯曲试验时，为了尽量减少剪切应力的影响（特别是层压材料），必须取足够大的跨厚比（l/h）。如取 $l/h=10$，则剪切应力的影响为 5%；若 $l/h<10$，则剪切应力的影响更大，将会给试验结果带来影响，所以试验方法规定 $l/h>10$。

压头圆柱面 R 太小，对试样易产生明显的压痕；压头圆柱面 R 太大，对于小跨度会增加剪切应力的影响，一般规定 R 为 (5 ± 0.1)mm。下支座圆角半径 r 一般为 (2 ± 0.2)mm；当厚度 $h\leqslant3$mm 时，r 为 (0.5 ± 0.2)mm。

弯曲试验中，外层纤维应变速率对试验结果亦有明显的影响，一般用上压头移动速度来控制。对于常规试验，上压头移动速度采用 10mm/min。

五、 实验数据记录与数据处理

（1）样品尺寸数据　将实验测得数据填入表 3-9 中。

实验温度：_____；样品名称：_____；设备名称：_____。

表 3-9　实验数据记录

编号	3 次宽度			平均宽度 b	3 次厚度			平均厚度 h
1								
2								
3								
4								
5								

（2）按公式计算弯曲应力或弯曲强度　将计算结果填入表 3-10 中。

表 3-10　实验数据记录

编号	平均宽 b	平均厚度 h	弯曲强度 P	跨度 L
1				
2				
3				
4				
5				

六、 思考题

1. 简述塑料弯曲性能测试原理。

2. 对于管状试样如何测试弯曲性能？

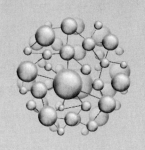

实验五

玻璃钢的冲击性能测试

　　冲击性能试验是指在冲击负荷的作用下测定材料的冲击强度，是用来衡量塑料及复合材料在经受高速冲击状态下的韧性或对断裂的抵抗能力的试验方法。冲击性能测试对研究各向异性复合材料在经受冲击载荷时的力学行为有重要的实际意义。本实验用简支梁冲击韧性试验方法测定玻璃钢的冲击性能。

一、 实验目的

　　1. 了解冲击韧性测试原理。
　　2. 掌握玻璃钢冲击韧性的测试方法。

二、 实验原理

　　一般冲击试验分以下三种：摆锤式冲击试验（包括简支梁和悬臂梁）、落球式冲击试验、高速拉伸冲击试验。

　　简支梁冲击试验是摆锤击打简支梁试样的中央；悬臂梁则是用摆锤击打有缺口的悬臂梁试样的自由端。摆锤式冲击试验试样破坏所需的能量实际上无法测定，试验所测得的结果除了产生裂缝所需的能量及使裂缝扩展到整个试样所需的能量以外，还要加上使材料发生永久变形的能量和把断裂的试样碎片抛出去的能量。把断裂试样碎片抛出的能量与材料的韧性完全无关，但它却占据了所测总能量中的一部分。试验证明，对同一跨度的试验，试样越厚消耗在碎片抛出的能量越大，所以不同尺寸试样的试验结果不好相互比较。但由于摆锤式试验方法简单方便，所以在材料质量控制、筛选等方面使用较多。

　　落球式冲击试验是把球、标准的重锤或投掷枪由已知高度落在试棒或试片上，测定使试棒或试片刚刚够破裂所需能量的一种方法。这种方法与摆锤式试验相比表现出与实地试验有很好的相关性。但缺点是如果想把某种材料与其他材料进行比较，或者需改变重球质量，或者改变落下高度，十分不方便。

　　评价材料的冲击强度最好的试验方法是高速应力-应变试验。应力-应变曲线下方的面积与使材料破坏所需的能量成正比。如果试验是以相当高的速度进行，这个面积就变成与冲击强度相等。

本实验采用简支梁摆锤冲击试验，使用已知能量的摆锤一次冲击支撑成水平梁的试样并使之破坏。冲击前后摆锤的能量差确定试样在破坏时吸收的能量，并用试样的单位横截面积所吸收的冲击能量表示冲击强度。原理如图 3-1 所示。

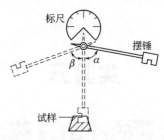

图 3-1　简支梁摆锤冲击试验机

摆锤在自然垂直时，即摆锤在最低点时，仪器角度清零。实验时摆锤与自然垂直时成一角度 α 的扬角，此时摆锤具有一定的重力势能，然后让摆锤自由下落，在它到最低点时势能转变为动能，随着摆锤冲击试样，消耗掉摆锤的动能。摆锤的剩余能量使摆锤继续升高 β 的扬角。以 H 表示摆锤的质量，L 表示摆锤杆的长度，则摆锤的初始势能为：

$$E = HL(1-\cos\alpha) \tag{1}$$

摆锤冲击样品后，消耗的功为：

$$E' = HL(\cos\beta - \cos\alpha) \tag{2}$$

材料的冲击韧性按式（3）计算：

$$a_k = \frac{E'}{bh} \times 10^3 \tag{3}$$

式中　a_k——冲击韧性，kJ/m^2；

　　　b——试样缺口处宽度，mm；

　　　h——试样缺口处厚度，mm。

冲击实验有四种形式的破坏：①完全破坏，试样断裂成两片或多片；②铰链破坏，试样未完全断裂成两部分，外部仅靠一薄层以铰链的形式连接在一起；③部分破坏，不符合铰链断裂破坏的不完全断裂；④不破坏，试样未断裂，仅弯曲并穿过支座，可能兼有应力发白。

冲击韧性值对复合材料的品质、宏观缺陷和显微组织的差异十分敏感，因而 a_k 值可用来控制加工成型工艺、半成品或成品质量；不同温度下作冲击试验可得到 a_k 值与温度的关系曲线；在脆性状况下，a_k 值可间接反映材料脆性正断抗力的大小。

三、　实验仪器与样品

实验仪器：ZBC7000 简支梁冲击试验机（图 3-2），由机架部分、摆锤冲击部分和指示系统部分三部分组成。

实验样品：试样截面为矩形，并在表面开有 V 形缺口，使试样受冲击时产生应力集中而呈现脆性断裂。按 GB/T 1043—2008 规定处理试样。纤维织物增强塑料试样形式有：

（1）缺口方向与纤维层垂直，试样厚度 6～10mm，宽度 10mm，如果厚度大于 10mm，单面加工至 10mm。本实验取缺口与布层垂直制备缺口。

（2）缺口方向与布层平行，当试样厚度大于 10mm 时，单面加工至 10mm，缺口开在加工面上。

短切纤维增强塑料试样形状和尺寸的标准为：厚度 6~10mm，宽度 10mm，缺口方向与试样压制方向一致。缺口由机械加工而成，若缺口所在面与底面不平行，则加工缺口所在面使其与底面平行。

图 3-2 ZBC7000 简支梁冲击试验机

四、实验步骤

1. 仪器调试：开启电源，选择合适的摆锤，使冲击断裂试样所消耗的冲击能落在满刻度的 10%~80% 范围内，用标准跨距样板调节支架座跨距，根据试验机打击中心位置及试样尺寸决定是否在支座上加垫片。当摆锤垂直静止时进行角度调零。将摆锤上举固定，待屏幕上显示 * 号时按冲击键，确定空载时吸收功和韧性为 0（如偏离 0 则需要进行调零），并将显示单位调整为 kJ/m²。

2. 取合格试样 6 个依次编号，按照表 3-11 要求在缺口制样机上打出 V 形缺口。用游标卡尺测量试样总厚度、缺口处的剩余厚度及宽度，测量时应在缺口两端各测一次，准确到 0.02mm，取算术平均值，并详细记录。

3. 将试样缺口背对摆锤冲击方向放置在支撑架上。将摆锤前推与试样接触，确定冲击刀刃对准试样缺口背面，然后将摆锤抬起并锁定。

4. 单击"菜单"进入设置界面，输入试样规格并返回主界面。注意：本设备需要输入缺口深度，因此必须测量总宽度和剩余宽度，并输入所计算的缺口深度。

5. 按"冲击"按钮进行冲击实验，记录冲断试样吸收功、冲击韧性及破坏形式，如有明显内部缺陷或破坏不在缺口处应予以作废。

6. 重复步骤 3~6 对其他样条进行冲击试验。

表 3-11 简支梁冲击试验试样尺寸

试样名称	长度 L/mm	宽度 b/mm	厚度 h/mm	缺口深度(d)/mm
无缺口大试样	120	15	10	—

续表

试样名称	长度 L/mm	宽度 b/mm	厚度 h/mm	缺口深度 (d)/mm
缺口大试样	120	15	10	$1/3d$
无缺口板材试样	120	15	3~10	—
缺口板材试样	120	15	3~10	$1/3d$
无缺口小试样	55	6	4	—
缺口小试样	55	6	4	$1/3d$

五、 实验数据记录与数据处理

将实验测得数据填入表 3-12 中。

试样：_____；缺口类型_____；冲击方法_____；

实验温度_____；环境湿度_____；仪器型号_____。

表 3-12 实验数据记录

项目	试样 1	试样 2	试样 3	试样 4	试样 5
试样缺口处宽度 b/cm					
试样缺口处厚度 h/cm					
冲断所消耗能量 A/J					
冲击韧性 a_k/(J/cm^2)					
冲击韧性平均值/(J/cm^2)					

六、 思考题

1. 测试材料的冲击性能，有哪些实验方法？各有什么特点？
2. 影响材料冲击性能的因素有哪些？

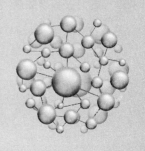

实验六

玻璃钢的成分测定——热重分析

热重分析法（thermogravimetric analysis，TGA）是测定试样在等速升温时重量的变化或者恒定的高温条件下重量随时间变化的一种分析技术。TGA 可以用于研究复合材料在特定气氛中的热分解过程；测定热分解温度、水分、可分解组分含量和不可分解组分含量等。若结合小分子测试技术，还可以对分解产物的结构及分解过程和原理进行分析、鉴定等。

一、 实验目的

1. 了解热重分析的基本原理。
2. 初步掌握通过 TGA 曲线测定玻璃钢成分的方法。

二、 实验原理

1. 热重分析仪的基本工作原理

检测质量的变化最常用的方法是热天平，测量的原理有两种：变位法和零位法。变位法是根据天平梁倾斜度与质量变化成比例的关系，用差动变压器等测定倾斜度并自动记录。零位法是采用差动变压器法、光学法测量天平梁的倾斜度，然后去调整安装在天平系统和磁场中线圈的电流，使线圈转动恢复天平梁的倾斜。由于线圈转动所施加的力与质量成比例，这个力与线圈中的电流成比例，因此只需测量并记录电流的变化，可得质量变化的曲线。热重分析仪的主要部分为电磁式微量热天平，其结构如图 3-3 所示。

热天平横梁的两端分别为样品盘和平衡砝码盘。当样品受热重量发生变化时，横梁偏转力使一端所连接的挡板随之偏移。挡板的偏移由光电管接收经微电流放大器放大后被送到动圈式电磁场，促使感应线圈产生平衡扭力以保持天平的平衡。这样通过测量电信号的变化得到失重曲线。

2. TGA 实验的谱图解析

在热重实验中，试样质量作为温度或时间的函数记录下来，如图 3-4 所示。图中曲线上质量基本不变的部分称为平台，两平台之间的部分称为台阶。累积质量变化达到能被热天平检测到的温度，称为反应分解温度T_i。C 点所对应的温度 T_f 是指累积质量变化达到最大的温度，称为分解终了温度。T_i 和 T_f 之间的温度区间称为分解区间。多步分解过程可看作数

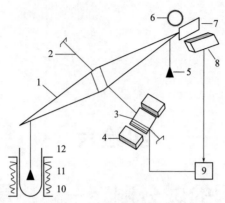

图 3-3　电磁式微量热天平

1—梁；2—支架；3—感应线圈；4—磁铁；5—平衡砝码盘；6—光源；7—挡板；
8—光电管；9—微电流放大器；10—加热器；11—样品盘；12—反应管

个单步过程的叠加。

除将 B 点所对应的温度作为T_i外，也可以将 AB 平台线的延长线与反应区间曲线的切线的交点 G 所对应的温度取作T_i，或以失重达到某一预定值（5％、10％等）时的温度作为T_i。同样，除将图中 C 点所对应的温度取作 T_f 外，也有将图中的 H 点所对应的温度取作T_f。热重分析技术在高分子科学中有着广泛的应用。例如测定高聚物的热稳定性，鉴别高聚物的种类，确定高聚物中挥发物的含量、高聚物中添加剂的含量和高聚物共混物的组成，并可以研究热分解反应动力学等。

玻璃钢中玻璃纤维含量受操作者技术水平影响较大，因此造成玻璃钢中玻璃纤维含量的不同，并进而影响成品的力学性能。而 TGA 分析则可以通过玻璃纤维与不饱和聚酯树脂的热分解行为的区别测定玻璃钢中玻璃纤维的含量。

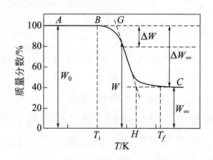

图 3-4　玻璃钢热重曲线

图 3-4 中，W_0 为聚合物的起始重量，W 为温度 T 时重量，ΔW 为失重量，W_∞ 为最终剩余的固体重量。样品的失重率为

$$\alpha = \frac{W_0 - W}{W_0 - W_\infty} = \frac{\Delta W}{\Delta W_\infty} \tag{1}$$

根据质量作用定律可得

$$\frac{\mathrm{d}\alpha}{\mathrm{d}t} = k(1-\alpha)^n \tag{2}$$

式中，k 为与温度有关的反应速率常数；n 为反应级数。实验的升温速率为 $\phi = \dfrac{\mathrm{d}T}{\mathrm{d}t}$，利

用 Arrhenius 方程 $k = A e^{-\frac{E}{RT}}$，式（2）整理为

$$\frac{\mathrm{d}\alpha}{\mathrm{d}T} = \frac{A}{\phi} e^{-\frac{E}{RT}} \ (1-\alpha)^n \tag{3}$$

式（3）为简单的热分解反应动力学方程，由此出发利用等温法、图解微分法、差减微分法、积分法等可以计算得到活化能 E、频率因子 A 和反应级数 n 等反应动力学量。

三、　实验仪器与样品

实验仪器：Pyris 1 TGA（美国 Perkin Elmer，图 3-5）天平称量范围 1300mg；天平灵敏度 $0.1\mu g$；温度范围为室温至 $1000℃$；升温/降温速率为 $0.1 \sim 200℃/min$。

实验样品：玻璃钢样品，切碎成小颗粒备用。

图 3-5　Pyris 1 TGA

四、　实验步骤

1. 检查：TGA 主机，计算机、氮气瓶各处连接是否正常。Pyris 1 TGA 主机需要用普通氮气作为炉体驱动气，高纯氮气作为实验用气，有时也需用合成空气作为实验用气。

2. 打开钢瓶气阀，调节普通氮气的气体压力为 0.1MPa，调节高纯氮或合成空气的压力为 0.2MPa。

3. 打开主机、计算机、气体工作站电源。

4. 计算机启动完成后，运行 Pyris Manager 软件并联机，注意炉体升起时位置是否正确。

5. 程序设计：在 Pyris 软件中输入如下实验参数：样品信息、保存路径、温度过程（起始温度、终止温度 $800℃$）、气体流速。

6. 放置样品：用专用镊子将空坩埚放在吊篮上，将吊篮放在右侧黑色托盘的凹槽内，用手慢速拖动托盘并旋转使吊篮挂在石英钓丝上（这个过程需要非常谨慎，不可以挤压石英钓丝和吊篮上沿，以免发生折断和变形）。待吊篮稳定后单击上升炉体键使炉体上升。稳定后单击重量清零。再单击炉体下降键将炉体放下，用黑色托盘托起并移出坩埚。然后向坩埚内加入 $5 \sim 10mg$ 样品（可用普通分析天平预称量），重复上面操作装入坩埚，升起炉体并待

重量稳定后称量样品重量。

7. 设置升温程序并检查确认无误后，单击开始实验，仪器会自动完成实验并保存数据。

8. 停止实验：由于某种原因，需要终止实验，可单击停止实验键停止当前实验。炉体自动回到冷却位置，待温度恢复正常后再进行换样等操作。

9. 实验完成后，待炉体温度下降到室温后，用托盘取下坩埚并进行清理，然后关闭 Pyris 程序、TGA 主机、计算机、气体工作站、气体钢瓶，清理实验台。

注意事项：

① 实验最高温度不高于 900℃。

② 该仪器属于精密仪器，需经培训和管理人员同意后，方可独立操作该仪器，并认真填写使用记录并签字。

③ 被测样品若在升温过程中产生大量气体或引起爆炸不可使用该仪器。

④ 仪器维护：不可用手触碰石英钓丝以免损坏，由于仪器中的电压很高，非专业人员绝对不要尝试检查或修理任何电路，因为热重天平的精密性质，所以放置样品不可过多，以免损坏内部元件。

五、 实验数据记录与数据处理

打开数据处理软件"Pyris"，进入数据分析界面。打开实验的数据文件，在"tools"菜单下单击"tables"生成实验数据点并保存。对 TGA 曲线进行微分处理，得到 DTG 曲线，用上述方法导出数据。作图并确定失重 5%、10%对应的温度，从 T_f 得到玻璃钢中玻璃纤维含量；通过 DTG 曲线确定热降解的速率与温度的关系，确定热降解最高速率温度，记录数据。

仪器型号：_____；样品名称：_____；

起始温度：_____；终止温度：_____；升温速率：_____；

失重 5%温度：_____；失重 10%温度：_____；

玻璃纤维含量：_____。

六、 思考题

1. TGA 曲线上水分挥发造成的失重会对复合材料玻璃纤维含量计算带来什么影响？如何消除？

2. 在氮气气氛下和空气气氛下进行热重测试对结果有何影响？分析其原因。

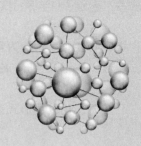

实验七

玻璃钢的动态力学性能测试

玻璃钢材料是多相结构，其相应的储能模量、损耗模量和力学损耗是决定高分子材料使用性能的重要因素。当样品受到外力作用时，产生相应的应变。在交变外力作用下，对样品的应力-应变关系随温度等条件的变化进行分析，即动态力学分析。通过动态力学分析，可以考察复合材料的弹性模量（E'）、损耗模量（E''）和力学损耗（$\tan\delta$），并由此获得材料的结构和性能的许多信息，如玻璃化转变温度、阻尼、相结构等。

一、 实验目的

1. 熟悉动态力学分析（DMA）原理和方法。
2. 掌握动态力学分析仪测定玻璃钢动态力学谱的操作方法。

二、 实验原理

对于理想的弹性材料，在受到交变外力时，产生的应变正比于应力，根据虎克定律，比例常数就是该固体的弹性模量。形变时产生的能量由物体储存起来，除去外力物体恢复原状，储存的能量又释放出来。如果所用应力是一个周期性变化的力，产生的应变与应力同位相，过程也没有能量损耗，如公式（1）所示。如外应力作用于完全黏性的液体，液体产生永久形变，在这个过程中消耗的能量正比于液体的黏度，应变落后于应力 90°，如公式（2）所示。而玻璃钢则具有聚合物材料的黏弹性特征，在形变过程中一部分能量以热的形势消耗掉，其应力表达式如公式（3）所示。

理想弹性体 t 时刻的应力表达式

$$\sigma = G\gamma = G\gamma_0 \sin(\omega t) = \sigma_0 \sin(\omega t) \tag{1}$$

理想黏性体 t 时刻的应力表达式

$$\sigma = \eta\gamma_0\omega\cos(\omega t) = \sigma_0 \sin\left(\omega t + \frac{\pi}{2}\right) \tag{2}$$

黏弹性体 t 时刻的应力表达式

$$\sigma = \sigma_0 \sin(\omega t + \delta) \tag{3}$$

式中，σ_0 和 γ_0 为应力和应变的振幅；σ 和 γ 为应力和应变 t 时刻的振幅；η 为黏性体的特性黏度；G 为理想弹性体的模量；ω 为角频率；δ 为相位角。

把式（3）展开为：

$$\sigma = \sigma_0 \sin\omega t \cos\delta + \sigma_0 \cos\omega t \sin\delta \qquad (4)$$

若采用复数形式表达应力和应变，其关系为：

$$\sigma^* = \sigma_0 \exp(i\omega t) \qquad (5)$$

$$\gamma^* = \gamma_0 \exp[i(\omega t - \delta)] \qquad (6)$$

即认为应力分为两部分，一部分与应变同相位，与储存的弹性能有关，没有损耗；另一部分与应变的有 $90°$（$\pi/2$）的相位差，在形变时以热的形式消耗掉，与能量的损耗有关。此时模量变成复数形式，即式（7）。根据模量的定义可以得到两种不同意义的模量，定义储能模量 E' 为同相位的应力和应变的比值，损耗模量 E'' 为相位差 $\pi/2$ 的应力与应变的比值，即式（8）和式（9）：

$$E^* = E' + iE'' \qquad (7)$$

$$E' = \frac{\sigma_0}{\varepsilon_0}\cos\delta \qquad (8)$$

$$E'' = \frac{\sigma_0}{\varepsilon_0}\sin\delta \qquad (9)$$

并将 E''/E' 的比值及力学损耗角的正切值定义为损耗因子，即：

$$\tan\delta = \frac{E''}{E'} \qquad (10)$$

聚合物材料或聚合物基复合材料动态力学性能的研究即是精确测量各因素对动态模量及损耗因子的影响，即 E^* 或 $\tan\delta$ 值随各因素的变化。通常来说，对于结构材料来说，要求其在较大温度范围内具有高的储能模量；而对于减震材料来说则希望其在特定的频率范围内具有较高的阻尼；而作为轮胎使用的橡胶，则希望其有较高的弹性和较低的内耗，以防止轮胎过热。本实验为温度扫描模式，在固定频率下测定动态模量与力学损耗随温度的变化，即温度谱。除温度谱外，还有时间谱和频率谱等。图 3-6 是热固性材料的动态力学温度谱。

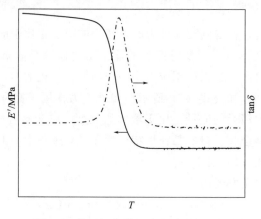

图 3-6　热固性塑料的动态力学温度谱

三、　实验仪器与样品

实验仪器：DMA Q800（美国 TA Instruments）如图 3-7 所示。扫描频率范围为

$0.01\sim210\text{Hz}$，温度范围为$-180\sim600℃$，测量精度：负荷 0.0001N，形变 1nm，$\tan\delta$ 为 0.0001，模量 1%。

图 3-7　DMA Q800 动态力学谱仪

实验样品：玻璃钢长方形样条。试样尺寸要求：长 $a=35\sim40\text{mm}$；宽 $b\leqslant15\text{mm}$；厚 $b\leqslant5\text{mm}$。准确测量样品的宽度、长度和厚度，三点取平均值记录。

四、　实验步骤

1. 检查设备连接，打开仪器，预热 30min。
2. 仪器校正，夹具的安装、校正（夹具质量校正、柔量校正），按软件菜单提示进行。
3. 样品的安装：
（1）打开炉体，放松两个固定钳的中央锁，按 "FLOAT" 键让夹具运动部分自由。
（2）将试样插入到固定钳上，并调正。
（3）按 "LOCK" 键以固定样品的位置。
（4）取出标准附件木盒内的扭力扳手，装上六角头，垂直插进中央锁的凹口内，以顺时针用力锁紧，关闭炉体。（对热塑性材料建议扭力值 $0.6\sim0.9\text{N}\cdot\text{m}$，玻璃钢材料可相应参考。）
4. 程序设定：
（1）打开主机 "POWER" 键，打开主机 "HEATER" 键。
（2）打开 GCA 的电源，通过自检，"Ready" 灯亮。
（3）打开控制电脑，载入 "Thermal Solution"，取得与 DMA Q800 的连线。
（4）指定测试模式（DMA、TMA 等 5 项中 1 项）和夹具。
（5）打开 DMA 控制软件的 "即时信号" （real time signal）视窗，确认最下面的 "Frame Temperature" 与 "Air Pressure" 都已 "OK"，若有接 GCA 则需显示 "GCA Liquid Level：xx％full"。
（6）按 "Furnace" 键打开炉体，正确安装好样品试样，确定位置正中对齐。按

"FLOAT"键，依要领检视驱动轴漂动状况，以确保设备处于正常状态。若需换新夹具，则重新设定夹具的种类，并逐项完成夹具校正（MASS/ZERO/COMPLIANCE）。

（7）编辑测试方法，并存档。

（8）打开"Experimental Parameters"视窗，输入测试信息。指定空气轴承的气体源及存档的路径与文件名，然后载入实验方法。

（9）打开"Instrument Parameters"视窗，逐项设定好各个参数。如数据取点间距、振幅、静荷力、Auto-strain、起始位移归零设定等。

（10）按下主机面板上的"MEASURE"键，打开即时信号视窗，观察各项信号的变化是否够稳定，必要时调整仪器参数的设定值（如静荷力与Auto-Strain），以使其达到稳定。

（11）确定好开始（Pre-view）后按"Furnace"键关闭炉体，再按"START"键，开始正式进行实验。

（12）实验结束后，数据自动保存到指定文件中。炉体与夹具会依据设定的"END Conditions"回到其设置状态。

（13）将试样取出，更换样品进行下一次测试。若有污染则需予以清除，如液氮量不足则及时补充液氮。

（14）关机。步骤如下。按"STOP"键，以便储存Position校正值。等待5s后，使驱动轴真正停止。关掉"HEATER"键。关掉"POWER"键，此时自然与电脑离线。关掉其他周边设备，如ACA、GCA、Compressor等。进行排水（Compressor气压桶、空气滤清调压器、GCA）。

五、 实验数据记录与数据处理

打开数据处理软件"thermal analysis"，进入数据分析界面。打开需要处理的文件，应用界面上各功能键从所得曲线上获得相关的数据并导出，作图。包括各个选定频率和温度下的动态模量 E'，损耗模量 E'' 以及阻尼或内耗 $\tan\delta$，列表记录数据。

仪器型号：_____；样品：_____。

样品尺寸：长_____；宽_____；厚_____。

升温扫描：

起始温度_____；终止温度_____；升温速率_____。

选定频率：

频率 $1\omega_1$_____；频率 $2\omega_2$_____；频率 $3\omega_3$_____。

记录各个频率下储能模量、损耗模量以及力学损耗随温度的变化（附上相应的作图），在力学损耗-温度曲线上如出现多个损耗峰，则以最高损耗峰的峰温作为玻璃化转变温度 T_g，处理数据。

频率 $1\omega_1$：_____；频率 $2\omega_2$：_____；频率 $3\omega_3$：_____。

T_g：_____；T_g：_____；T_g_____。

六、 思考题

1. 什么叫聚合物的力学内耗？聚合物力学内耗产生的原因是什么？研究它有何重要

意义？

2. 为什么聚合物在玻璃态、高弹态时内耗小，而在玻璃化转变区内耗出现极大值？为什么聚合物在从高弹态向黏流态转变时，内耗不出现极大值而是急剧增加？

3. 对于不同的材料类型，其动态力学性能测试有何实际意义？

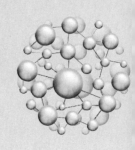

第四单元

计算机模拟实验

在高分子物理课程学习中，有关高分子链形态及其构象问题是学生需要理解的重点和难点。高分子链的构象及形态与高分子链段内部的化学结构及链单元之间的相互作用密切相关。与此同时，溶液的溶剂环境及温度也会影响到链状高分子的形态。例如当处于良溶剂中，高分子链呈伸展状态，而在劣溶剂中则会蜷缩成线团状。由于不同溶剂环境下链状高分子的形态差别显著，为了准确合理给出理论研究结果，通常需要使用不同的模型予以描述。常见的模型包括无规行走和自避行走等。在具体的研究中，又可以根据模拟方法不同，选择格子模型或非格子模型进行动态 Monte Carlo 模拟或分子动力学模拟。根据模拟结果直观给出链状高分子的形态和构象演化过程，进一步计算链平均尺寸、均方末端距及末端距向量的自相关函数等描述高分子链特征的重要信息。

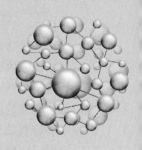

实验一

链状高分子构象演化的分子模拟

Monte Carlo 模拟方法是一种基于随机概念的研究方法，因而又被称为随机抽样法、随机模拟法或统计实验法等，其与普通计算方法的区别在于普通计算方法在处理多维或因素复杂的问题时非常困难，相对而言 Monte Carlo 模拟方法却能比较容易地解决此类问题。

一、 实验目的

1. 了解格子模型和非格子模型的差别，并理解两类模型体系的适用条件。
2. 掌握动态 Monte Carlo 模拟方法的原理及模拟过程。
3. 理解末端距向量自相关函数的意义。

二、 基本原理及模型选择

本实验采用一种非格子模型（Off-lattice Model），利用动态 Monte Carlo 模拟方法对单链高分子链构象变化进行了数值模拟。具体地模拟了均方回转半径 $\langle S^2 \rangle$ 和均方末端距 $\langle R^2 \rangle$ 从初始的直链状态开始随时间的演化，最终达到动态平衡的过程。同时，给出末端距向量自相关函数 $\rho(t)$ 随时间的演化图像，尝试得到末端距向量自相关函数的弛豫时间 τ。

首先，选取聚合度一定的单链高分子为模拟体系，研究其构象由初始的直链构象开始随时间的演化过程。模拟中采用了 Geroff 等提出的非格子模型，即将高分子链视为链珠结构，其中链单元被表示为直径为 σ 的球，链单元之间的连接部分为弹簧，并且弹簧的长度可以在一定范围内伸缩。

考虑链单元之间的相互作用包括成键和非成键相互作用。其中成键相互作用是两个相邻链单元之间的相互作用，模拟中采用简谐振动模型：

$$u_{ij}^b = \begin{cases} k_s(\ln l_0)^2, & l_{\min} \leqslant l \leqslant l_{\max} \\ \infty, & l < l_{\min} \text{ 或 } l > l_{\max} \end{cases} \tag{1}$$

进而得到总的成键势能为：

$$H_b = \sum_{i=1}^{N-1} u_{ij}^b, \quad j = i + 1 \tag{2}$$

式中，i 和 j 均为链单元在高分子链上的序号；l 为第 i 个和第 j 个链单元之间的距离；

$l_{\max}$ 和 $l_{\min}$ 分别是键长所允许的最大值和最小值；k_s 为弹性系数；参数 k_s、l_0、$l_{\max}$ 和 $l_{\min}$ 的取值由 Lennard-Jones 势能参数 σ 和 ε 来决定。

非成键相互作用是指非相邻的链单元之间的相互作用，采用如下 Lennard-Jones 势能模型：

$$u_{ij}^{nb} = \begin{cases} 4\varepsilon\left[\left(\dfrac{\sigma}{r}\right)^{12} - \left(\dfrac{\sigma}{r}\right)^{6} - \left(\dfrac{\sigma}{r_c}\right)^{12} + \left(\dfrac{\sigma}{r_c}\right)^{6}\right], & r \leqslant r_c \\ 0 & r > r_c \end{cases} \tag{3}$$

总的非成键势能 H_{nb} 为：

$$H_{nb} = \sum_{i=1}^{N-2}\sum_{j=i+2}^{N} u_{ij}^{nb} \tag{4}$$

式中，r_c 为截断半径；ε 和 σ 为 Lennard-Jones 势能相互作用参数；实际模拟中全部取约化单位，$\sigma=1$，$r_c=2^{\frac{1}{6}}\sigma$，$l_{\max}=r_c$，$l_{\min}=0.4l_{\max}$，$l_0=0.7l_{\max}$，$k_s/k_BT=10$，$k_BT/\varepsilon=10$，$k_B$ 为玻尔兹曼常数，T 为热力学温度，这些参数的选择避免了键的交叉重叠。

三、 模拟环境及模拟步骤

采用上述非格子模型，将聚合度为 64，键长为 1.0 的直链高分子置于三维空间直角坐标中的 x 轴上，然后进行模拟，具体操作步骤如下：

1. 给定各链单元初始位置，并将初始时间设定为零。

2. 随机选择一个链单元进行自由移动。具体方法为：调用随机数选定一个链单元，然后产生一个随机移动方向和一个随机移动距离，其中移动距离的确定需要调用一个 $0 \sim l_{\max}$ 之间的随机数。

3. 选定链单元的尝试新位置由其旧位置和步骤 2 所得到的移动方向和移动距离来得到。

4. 计算这次尝试移动前后系统总能量的变化值 ΔU。如果 $\Delta U \leqslant 0$，则新位置被接受，累加时间并执行步骤 6；如果 $\Delta U > 0$，则计算新位置被接受的概率 $W = \exp(-\Delta U/k_BT)$。

5. 产生一个 $0 \sim 1$ 之间的随机数 r。如果 $r < W$，则新位置被接受；反之，累加时间，返回步骤 2 重新进行尝试。

6. 更新体系的新位置，统计需要考察的物理量，判断系统是否到达预定的反应结束条件，是则结束程序，保存所有输出结果；反之，返回步骤 2。

需要指出的是，程序编写中提前设定好键长所允许的最大值和最小值可以自动避免在链的运动中出现键的交叉重叠情况，这样在程序执行中就不需要再实时检验键的交叠问题，可以有效提高计算效率和速度。

本实验中 Monte Carlo 模拟中的时间使用 Monte Carlo 步数（MCS）来度量，即在单链情况下，当链长为 N 时，N 次试探运动作为一个单位时间，称为一个 Monte Carlo 周期。

四、 计算结果及讨论

1. 模拟结束后，利用得到的链构象，计算输出均方回转半径 $\langle S^2 \rangle$ 和均方末端距 $\langle R^2 \rangle$ 随时间演化的过程（时间以 MCS 来表示）。（图 4-1 和图 4-2 为十次模拟结果平均值的演化。）

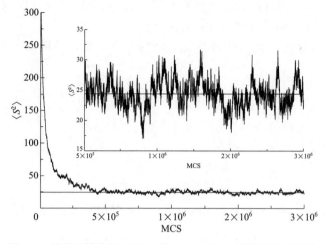

图 4-1　均方回转半径 $\langle S^2 \rangle$ 随 Monte Carlo 模拟步数的演化

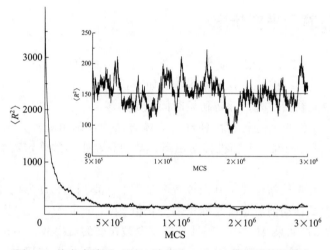

图 4-2　均方末端距 $\langle R^2 \rangle$ 随 Monte Carlo 模拟步数的演化

2. 进一步利用模拟结果研究末端距向量自相关函数 $\rho(t)$ 随时间的演化情况。$\rho(t)$ 的定义为：

$$\rho(t) = \frac{\langle \boldsymbol{R}(t) \cdot \boldsymbol{R}(0) \rangle}{\langle \boldsymbol{R}^2 \rangle}$$

式中，$\boldsymbol{R}(t)$ 定义为 t 时刻的末端距向量。参照图 4-3 将向量自相关函数 $\rho(t)$ 随时间的演化模拟结果表示出来。

五、 思考题

1. 对于线型高分子链，均方末端距与均方回转半径的比值应为 6。试与得到的模拟结果比较，并解释模拟结果与理论值有一定偏离的原因。

2. 从模拟得到的向量自相关函数 $\rho(t)$ 随时间的演化情况，尝试确定弛豫时间 τ 的数值。

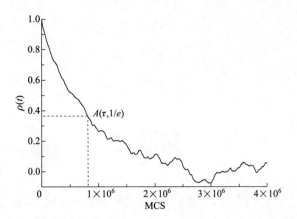

图 4-3 末端距向量自相关函数 $\rho(t)$ 随 Monte Carlo 模拟步数的演化图

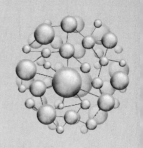

实验二

受限空间中单链高分子通过纳米孔隙的 Monte Carlo 模拟

链状大分子通过薄膜上纳米孔隙输运的过程在化学、生物学和工程学等领域都有着重要的作用。例如单链 DNA 和 RNA 通过核孔、噬菌体感染细胞以及蛋白质分子穿过细胞膜等都属于此类现象。采用 Monte Carlo 模拟方法利用随机抽样的方式，对受限空间内不同溶剂环境下单链高分子通过薄膜上纳米孔隙的过程进行模拟有助于分析高分子链长、溶剂环境等与跨膜输运时间之间的标度关系，对理解生物体高分子链跨膜输运具有重要实际意义。

一、 实验目的

1. 掌握 Monte Carlo 模拟方法的原理及模拟步骤。
2. 了解单链高分子跨膜输运过程中各个影响因素的作用。

二、 基本原理及模型选择

考虑一个刚性的薄膜，其上有一个允许单链高分子从膜的一侧输运到另一侧的纳米孔隙。由于薄膜的存在，空间被分成两个区域，分别记为 I 和 II。假设输运的单链高分子的链段数为 N，且每个链段在区域 I 和 II 的化学势分别为 μ_1 和 μ_2。在 N 值较大时可以忽略膜厚的影响。在某一时刻，假使高分子链在区域 I 和区域 II 的链段数分别为 $N-m$ 和 m。如图 4-4 所示。

(a) 区域 I 和 II 内均为良溶剂　　　　(b) 区域 II 内为不良溶剂

图 4-4　单链高分子在不同溶剂环境下的跨膜输运原理

考虑溶剂与高分子链之间的相互作用，由于构型不同导致接触面积不同，自由能中化学势项分别正比于 $N-m$ 和 $m^{\frac{2}{3}}$，即区域 I 和 II 内高分子链的自由能可分别表示为

$$\beta F_{\mathrm{I}}(N-m)=(1-\gamma_1)\ln(N-m)+(N-m)\beta\mu_1 \tag{1}$$

$$\beta F_{\mathrm{II}}^{A}(m)=(1-\gamma_2)\ln m+m\beta\mu_2 \tag{2a}$$

$$\beta F_{\mathrm{II}}^{A}(m)=(1-\gamma_2)\ln m+m^{\frac{2}{3}}\beta\mu_2 \tag{2b}$$

式中，$\beta^{-1}\equiv k_{\mathrm{B}}T$，$k_{\mathrm{B}}$ 为玻尔兹曼常数，T 为热力学温度；γ_1 和 γ_2 分别为表征区域 I 和 II 内高分子链有效尺度的参数（与高斯链、自回避链和直链相应的 γ 分别为 0.5、0.69 和 1）。整个高分子链的自由能 F_m 为式（1）和式（2）所示的两部分自由能之和，即

$$\beta F_m^{A}=(1-\gamma_2)\ln m+(1-\gamma_1)\ln(N-m)-m\beta\mu_1+m\beta\mu_2 \tag{3a}$$

$$\beta F_m^{B}=(1-\gamma_2)\ln m+(1-\gamma_1)\ln(N-m)-m\beta m_1+m^{\frac{2}{3}}\beta m_2 \tag{3b}$$

假设下一时刻高分子链可能继续向前输运一个链单元，或是保持不动。根据所给出的高分子链的自由能形式并使用 Monte Carlo 模拟方法模拟整个高分子链的输运时间。

三、模拟环境及模拟步骤

模拟中选择链长为 N 的单链高分子，从一侧通过薄膜上的纳米孔隙输运到另一侧。具体模拟步骤如下：

1. 以区域 II 内链段数 $m=1$ 时刻为初始状态，设定初始时刻时间 $\tau=0$。选择不同参数 γ、μ、N 的具体数值及溶剂环境。

2. 尝试让单链高分子从区域 I 向区域 II 输运一个链段。计算这次尝试移动前后系统总能量的变化值 $\Delta F(F_{m+1}-F_m)$。

3. 生成一个 0 到 1 之间的随机数 r。利用表达式 $\tau=\tau+\dfrac{1}{k_m}\ln\dfrac{1}{r}$ 累加输运时间 τ。如果 $\Delta F\leqslant0$，则新位置被接受，并执行步骤 4；如果 $\Delta F>0$，则计算新位置被接受的概率 $W=\exp(-\Delta F/k_{\mathrm{B}}T)$。若 $r<W$，则新位置被接受；反之返回步骤 2 重新进行尝试。模拟中一般可认为 k_m 为常数（设定为单位值 1）。

4. 统计所需考察的物理量，判断系统是否到达预定的反应结束条件（$m=N$），是则结束程序，保存所需输出结果；反之，回到步骤 1 继续执行。

通过上述步骤进行相应的模拟，即可探讨不同溶剂环境对单链高分子跨膜输运的影响。

四、计算结果及讨论

1. 计算薄膜两侧均为良溶剂条件下，不同链长的单链高分子跨膜输运的时间，以链长对输运时间（k_m^{-1} 为单位）作图，尝试给出链长和时间 τ 二者之间的标度关系。

2. 计算高分子链从劣溶剂一侧输运到良溶剂一侧时（改变 γ、μ 参数的值），高分子链跨膜输运时间随链长的演化曲线。

五、思考题

1. 从自由能的角度，分析溶剂环境对跨膜输运的影响，并结合模拟结果进行讨论。

2. 本实验中考虑单链高分子每次运动仅可前进和维持不动。尝试将每次模拟可能的方式改为前进、后退和不动，与原来得到的模拟结果进行比较，并分析结果存在差异的原因。

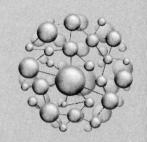

实验三

Ab$_g$ 型超支化高分子聚合反应的 Monte Carlo 模拟

Ab$_g$ 型高分子聚合是指每个聚合单体中有一个 A 类官能团和 g 个 b 类官能团，反应仅发生在不同分子间的 A 类官能团与 b 类官能团之间，因此一般来说是缩聚反应。缩聚反应是重要的高分子合成反应之一，缩聚反应的通式可记为：

$$P_n + P_m \xrightarrow{k_{nm}} P_{n+m} \quad (n,m=1,2,3\cdots)$$

式中，P_n 表示聚合度为 n 的高分子。在统计分子量分布时需要知道不同聚合度分子数目，因此缩聚反应比小分子反应的情况复杂得多。

Monte Carlo 模拟方法的基本思想是：为了求解特定问题，根据所研究系统的性质构建相应的概率模型或随机过程模型，然后找到某些特征物理量的概率密度函数从而进行随机抽样。在得到特征物理量的模拟结果后，通过对模拟结果进行分析、总结，进而预言系统的某些特性。Monte Carlo 方法不仅能用于求解确定性的数学问题，更适于求解随机性问题，尤其是那些源于物理、化学和其他学科的与随机性相关的实际问题。

本实验采用 Monte Carlo 模拟方法来模拟 Ab$_g$ 型缩聚反应的过程及产物的分子量分布情况。

一、 实验目的

1. 了解 Ab$_g$ 型高分子缩聚反应的原理和特点。
2. 理解 Ab$_g$ 型缩聚反应中官能团数目 g 值对产物的影响。

二、 基本原理及模型选择

在实验中，将不同聚合度的高分子看作是不同的反应物种，定义 $a_\mu = a_{nm} = \pi_{nm} X_n X_m$ ($n \neq m$)，这里 a_μ 为发生第 μ 个反应的概率；X_n 为聚合度为 n 的分子数目；π_{nm} 为其间反应的微观速率常数，由于相同聚合度的分子间也可发生反应，则参照上式可以得到：$a_{nn} = \frac{1}{2}\pi_{nn}X_n(X_n-1)$。若体系中发生 m 聚体和 n 聚体间的反应，则反应的概率 p_{nm} 可记为：

$$p_{nm} = \pi_{nm} X_n X_m / \Omega (n \neq m) \tag{1}$$

$$p_{nn} = \frac{1}{2}\pi_{nn}X_n(X_n-1)/\Omega (n=m) \tag{2}$$

需要指出的是，其满足归一化条件：

$$\sum_{n<m}\sum p_{nm} + \sum_n p_{nn} = 1 \tag{3}$$

式中，Ω 为总的反应方式数 $\Omega = \sum_{n<m}\sum \pi_{nm}X_nX_m + \frac{1}{2}\sum_n \pi_{nn}X_n(X_n-1)$。因此，对反应类型的抽样可首先将 p_{nm} 在单位区间中排开，如图 4-5 所示。

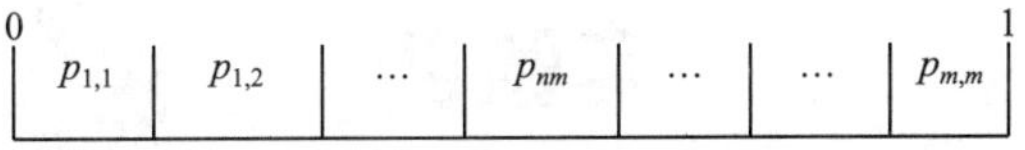

图 4-5　Ab$_g$ 型超支化高分子聚合反应概率的划分

然后调用 0~1 之间的随机数，若随机数落入 p_{nm} 的区间内，则认为体系发生的是 m 聚体和 n 聚体间的聚合反应。

三、 模拟环境及模拟步骤

假设体系初始状态仅存在单体分子 Ab$_g$，初始粒子数为 N，反应初始时间 τ 为零。具体模拟步骤如下：

1. 输入起始的反应分子数目和体系最终的反应程度，将时间设为零；在体系初始状态为仅存在单体的情况下，体系初始反应程度 $P=0$。

2. 针对现时各物种的分子数，按定义计算并储存 $a_1, a_2, \cdots, a_m$，并计算求和式 $\sum_{\mu=1}^{m} a_\mu$；同时，将计算的反应的概率 p_{nm} 以图 4-5 方式进行统计；在实验中选择等活性条件即反应速率常数为单位 1。

3. 产生两个单位区间内均匀分布的随机数 r_1 和 r_2。利用 r_1 用表达式 $\tau = \tau + \frac{1}{A}\ln\frac{1}{r_1}$ 对时间进行累加；利用 r_2 判断体系发生反应的类型，即考察 r_2 落入图 4-5 的哪个区间内。进一步对体系中相应的分子类型和对应的分子数目进行调整。

4. 统计调整后当前状态下体系的物理量，判断是否到达输入的反应终点，是则跳出循环，否则返回步骤 2。

四、 计算结果及讨论

分别计算初始单体数 $N=20000$，在 $g=2$ 和 $g=3$ 的条件下，单体数目、数均聚合度和重均聚合度随反应时间的变化情况，比较 g 值对体系物理量的影响。

五、 思考题

本实验中，反应过程使用了等活性假设（不同聚合度分子之间的反应速率常数相等）。尝试分析在非等活性条件下，体系物理量（单体数、数均聚合度和重均聚合度等）随反应时间的变化与当前结果有哪些差异？并解释原因。

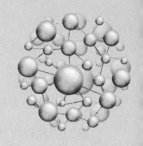

实验四

动态键型自修复凝胶的 Monte Carlo 模拟

　　自修复凝胶是指在受到损伤时能够自主修复的一类凝胶材料。这类凝胶的自修复功能使材料的稳定性和持久性变得十分可观，因而具有良好的应用前景。目前的研究表明，不同类型凝胶材料的自修复机理大相径庭。高分子链的界面扩散、主-客体相互作用、利用中空纤维或微胶囊包覆及基于动态键交联等机理均可在凝胶自修复行为中起到重要作用。其中，构筑单位间基于物理交联或者动态共价键所形成的自修复凝胶即为动态键型自修复凝胶，其最显著特征是构筑单元之间的交联作用可逆且受外界因素调控较为明显。

　　通常，单元之间的物理交联包括氢键、亲水/疏水作用、静电相互作用及 π-π 堆叠等。这些作用的可逆性使凝胶材料在损伤处可以重新进行交联，从而现实自修复过程。在基于动态共价键交联的凝胶材料中，由于可逆动态共价键本身兼具可逆性及稳定性，因而单元之间的联结作用处于动态平衡，并以此保持凝胶稳定性。揭示相关因素对动态键型凝胶自修复行为的调控具有实际应用价值，可为相关的材料设计提供可能的理论线索。

一、　实验目的

1. 了解自修复凝胶的修复机理。
2. 掌握动态键型自修复凝胶的凝胶断面的格气（Lattice-gas）模型。
3. 了解调控动态键型自修复凝胶的方法。

二、　基本原理及模型选择

　　在动态键型自修复凝胶材料中，构筑单元之间不断联结和断开的动态平衡维系着凝胶材料的稳定性。当凝胶材料受到切割类的机械损伤时，两个损伤断面上的对应单元之间在合适的外界条件下依然可以交联，从而实现自修复。显然，若将自修复凝胶材料沿着某一横截面切分成上下两部分后，断面间的平均距离（上下断面上所有对应单元之间距离的平均值）、单元间的联结强度及其空间关联性均可影响凝胶材料的自修复行为。

　　本实验基于格气模型并利用 Monte Carlo 模拟方法探讨以上这些因素对凝胶自修复过程的影响。假设二维正方格子（每个格子容纳一个单元，格子数目为 N）可以表示凝胶材料的横截面，且凝胶在被切分后的两个断面上分别含有 N 个彼此对应的交联单元。若以 n_i 代

表格子上第 i 个交联单元的断开（$n_i=0$）和联结（$n_i=1$）状态，同时计及上下断面上对应单元状态的同步性，则切分后断面上的对应单元的状态相同。因此，可以仅通过其中一个断面对凝胶的自修复行为予以研究，相应的结构如图 4-6 所示。

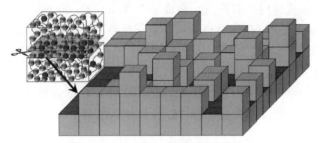

图 4-6　动态键型自修复凝胶断面结构

基于上述模型可得描述凝胶自修复过程的能量函数如下：

$$H = -\mu \sum_{i=1}^{N} n_i - \sum_{\langle i, j \rangle}^{N} J_{ij} n_i n_j \tag{1}$$

式中，μ 表示每个交联单元的联结能；J_{ij} 表示最近邻交联单元之间的相互作用能；而符号 $\langle i,j \rangle$ 表示仅对最近邻的格子指标进行求和。当一个凝胶断面上的某个单元与另一断面上的对应单元发生交联后，其最近邻单元亦将因之缩短与对应单元之间的空间距离，从而增加联结概率。实验中将所有最近邻的相互作用能 J_{ij} 都取作相同的数值，亦即 $J_{ij}=J$。

假定切分后的凝胶断面间距超过 b 时凝胶已经不能进行自修复，即尺度 b 视作表征凝胶断面间距的特征尺度。因此，当凝胶材料被切分后的平均断面间距为 δb 时（$0 \leqslant \delta \leqslant 1$），两个断面上对应单元间的联结分数也将依赖于 δb。根据统计力学原理可知，若 k_B 表示玻尔兹曼常数，T 为体系的热力学温度，则断面上对应单元的联结分数 f 满足如下方程：

$$\frac{f}{1-f} = \frac{1-\delta}{\alpha}（\exp\beta\varepsilon - 1）\tag{2}$$

式中，$\beta=1/k_B T$，α 与单元联结时的熵变有关（实验中可将 α 取作 100），而物理量 ε 表示断面上对应单元间因联结所致的能量变化。显然，一个单元因联结所致的能量变化也与其近邻单元的状态密切相关，因此 ε 取决于单元的联结能 μ、相互作用能 J 以及最近邻单元的状态。式（2）表明，凝胶材料的联结分数 f 取决于 μ、J、δ 及温度 T。由此可见，在条件给定的情况下，即可获得相应的联结分数 f，从而确定凝胶材料能否可以自修复。

三、　模拟环境及模拟步骤

本实验采用正则系综 Monte Carlo 方法对动态键型凝胶的自修复过程进行模拟，将一个凝胶断面抽象为 100×100 的二维格子并依次对交联单元进行编号。具体的模拟步骤如下：

1. 初始化：设定初始断面间距，规定格点所有交联单元均处于断开的状态，给定体系联结强度 μ、界面距离 δ 以及合作效应 J 的初始数值。

2. 按照交联点编号顺序选择一个单元的改变状态，产生新位形并按照式（1）和式（2）计算相应的能量变化 ΔH 和联结分数 f。

3. 调取 0~1 之间的随机数 r，根据体系的能量决定是否接受新位形，并据此调整相关的物理量。具体确定方法为：如果 $\Delta H > 0$，说明选定局域位置变化由连接到断开，若 $r > f$，执行翻转的操作，即选定位置断开，否则维持原位形不变；如果 $\Delta H < 0$，说明选定局域位置由断开到连接，若 $r < f$，那么执行翻转的操作，即该位点为联结状态，否则维持原位形不变。

4. 重复步骤 2，依次遍历所有格点，完成一个 Monte Carlo 步。

5. 进行多个 Monte Carlo 步的循环模拟，直至体系平衡，保存结果。

通过上述步骤进行相应的模拟，检查联结分数 f 是否达到相应条件下的临界值 $f_c = 0.68$，判定体系是否实现自修复，进而探讨动态键型凝胶材料的自修复行为，从而获得相关因素对动态键型凝胶自修复功能的影响。需要注意的是，在计算联结分数 f 时，物理量 ε 为 ΔH，同时模拟的 Monte Carlo 步需要大于 10000 以保证体系达到平衡。

四、 计算结果及讨论

进行多次模拟，改变体系的联结强度、界面距离以及合作效应分别得到在不同条件下，各个物理量与联结分数的关系，进一步画图分析（具体结果形式可参考图 4-7～图 4-9）。

1. 在 $\delta = 0.5$ 的情况下，改变 μ/J 进行模拟。

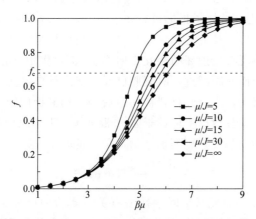

图 4-7　$\delta = 0.5$ 时合作效应 μ/J 不同，联结分数 f 随联结强度 $\beta\mu$ 的变化情况

2. 在 $\delta = 0.5$ 的情况下，$\beta\mu$ 值变化时 f 随 μ/J 的变化趋势。

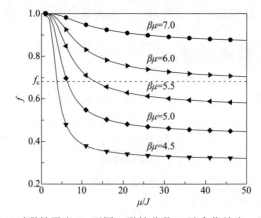

图 4-8　$\delta = 0.5$ 时联结强度 $\beta\mu$ 不同，联结分数 f 随合作效应 μ/J 的变化情况

3. 在 $\mu/J = 10$ 的条件下，针对不同的断面间距参数 δ 进行模拟。

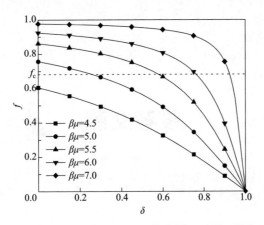

图 4-9 $\mu/J = 10$ 时联结强度 $\beta\mu$ 不同，联结分数 f 随界面距离 δ 的变化情况

五、 思考题

1. 在模拟过程中如何表达周期性边界条件？

2. 根据模拟结果，分析联结强度、合作效应和断面间距三个因素对自修复行为的影响，并指出哪个是凝胶设计中需要考虑的首要因素。

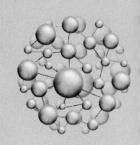

参考文献

[1] 白利斌等. 高分子科学基础实验教程. 北京：化学工业出版社，2018.

[2] 潘祖仁. 高分子化学. 第 5 版. 北京：化学工业出版社，2011.

[3] 黄丽. 高分子材料. 第 2 版. 北京：化学工业出版社，2010.

[4] 杨睿等. 聚合物近代仪器分析. 第 3 版. 北京：清华大学出版社，2010.

[5] 邢其毅等. 基础有机化学. 第 4 版. 北京：北京大学出版社，2016.

[6] 张美珍等. 聚合物研究方法. 北京：中国轻工业出版社，2006.

[7] 何曼君等. 高分子物理. 第 3 版. 上海：复旦大学出版社，2007.

[8] 刘凤岐等. 高分子物理. 第 2 版. 北京：高等教育出版社，2004.

[9] 朱诚身. 聚合物结构分析. 北京：科学出版社，2004.

[10] 李树新等. 高分子科学实验. 北京：中国石化出版社，2008.

[11] 李谷等. 高分子物理实验. 第 2 版. 北京：化学工业出版社，2015.

[12] 冯开才等. 高分子物理实验. 北京：化学工业出版社，2004.

[13] 赵德仁. 高聚物合成工艺学. 第 2 版. 北京：化学工业出版社，2007.

[14] 马德柱等. 高聚物的结构与性能. 性能篇. 北京：科学出版社，2012.

[15] 谷亦杰等. 材料分析检测技术. 长沙：中南大学出版社，2009.

[16] 杨海洋等. 粘度法研究高分子溶液行为的实验改进. 化学通报，1999，62(5)：47-49.

[17] 杨海洋等. 黏度法研究高分子溶液行为的实验改进(Ⅱ). 化学通报，2002，65(9)：631-634.

[18] 杨海洋等. 黏度法研究高分子溶液行为的实验改进(Ⅲ). 化学通报，2004，67(10)：w87.

[19] 徐颖. 测量玻璃化转变温度的几种热分析技术. 分析仪器，2010，(3)：57-60.

[20] 刘归回. 聚甲基丙烯酸甲酯合成工艺研究. 化学工程与装备，2018，(5)：1-12.

[21] 朱平平，何平笙，杨海洋. 高聚物粘弹性力学模型计算中容易被忽视的一个基本问题. 高分子材料科学与工程，2007，23(3)：251-253.

[22] 刘洪婉. 动态键型凝胶自修复行为的 Monte Carlo 模拟. 高等学校化学学报，2018，39(2)：367-372.

[23] 张志学，王海军. 单链高分子构象的非格子 Monte Carlo 模拟. 河北大学学报. 自然科学版，2007，27(2)：166-169.

[24] 宋建民等. AB_g 型超支化反应体系的平衡统计特征. 高等学校化学学报，2006，27(12)：2426-2429.

[25] Lee Y U，Jang S S，Jo W H. Off-lattice Monte Carlo simulation of hyperbranched polymer，1 polycondensation of AB_2 type monomers. Macromol Theory Simul，2000，9(4)：188-195.

[26] Muthukumar M. Polymer translocation through a hole. J Chem Phys，1999，111(22)：10371-10373.

[27] Gu F，Wang H J. Translocation of single polymer chain from nanopore on a membrane：solvent effect. Chin Phys Lett，2005，22(10)：2549-2552.

[28] GB/T 1633—2000 热塑性塑料维卡软化温度（VST）的测定.

[29] GB/T 1448—2005 纤维增强塑料压缩性能试验方法.

[30] GB/T 1449—2005 纤维增强塑料弯曲性能试验方法.

[31] GB/T 1041—2008 塑料 压缩性能的测定.

[32] GB/T 9341—2008 塑料 弯曲性能的测定.

[33] GB/T 1043—2008 塑料 简支梁冲击性能的测定.

[34] GB/T 1843—2008 塑料 悬臂梁冲击强度的测定.